怪獣生物学入門

倉谷 滋
Kuratani Shigeru

インターナショナル新書 043

はじめに　――怪獣は一〇〇％のイマジネーションではない――

本書は、日本の怪獣映画を中心にしたSF諸作品に観るモンスターをできる限り科学的に捉え、考察してみようというものである。

形態的、視覚的な不可解さや不思議さがそもそもモンスターの本質であり、強さや格好良さは二次的なものでしかないと私は考えている。事実、「モンスター」の語は「見せつける＝demonstrate」と語源を同じくする。不可解な動物も、その姿かたちのなかに異様さや不思議さがあるからこそ「モンスター」と呼ばれるのである。銀幕上のモンスターも、その姿を我々に見せつけることが取りあえずの仕事であり、もちろんその不思議さは我々の「常識」に由来する。

一方で、常識を作り上げるのはサイエンスの仕事だ。科学によって作られた世界観の外縁部に、まだ知られていないモンスターが存在するなら、それを新たな常識の一部として取り込もうとするのがサイエンスの探究心であり向上心だ。つまりは、怪獣をめぐる好奇心やSF性はサイエンス精神とともにある。『シン・ゴジラ』（二〇一六年）は非常に刺激的で興味深い映画だったが、公開後しばらく経ったいまあらためて考えると、このSF性が少々足らなかったかもしれない。ゴジラ以外の部分のリアリズムが異様に高い分だけ、ゴジラ自体の荒唐無稽さが必要以上に立ち上がっていたのだ。相変わらずファンはSFとしてのゴジラ映画に飢えている。

　異様な生物を「モンスター」と呼ぶからには、その分類学的素性に興味を抱かずにはおれない。「ゴジラが哺乳類（ほにゅうるい）か爬虫類（はちゅうるい）か」という疑問も、ゴジラの「モンスター性」の核心を問うものである。逆に言うなら、どんな怪獣が出てきたところで、多かれ少なかれそれがすでにどこかで見たような姿をしているということにまず気づくべきだ。その点、多くの怪獣デザインはきわめて常識的で、過去に実在した生物の方が人間のイマジネーションを凌駕（りょうが）することさえある。

　人間の想像力と創造力に依存する限り、怪獣の不可解さには所詮限界がある。一目見て、どこが頭部で、どちらが上か分かるような体の成り立ちは、我々がすでに見知っている動物と似たりよったり。多くの怪獣は陸上脊椎動物の基本的な体の成り立ち、すなわちボディプランを踏襲し、二対の肢、一対の眼、単一の口など「一セットの器官」を持つ。節足動物型の怪獣も、実際の昆虫や甲殻類と共通する特徴を示す。つまり、怪獣はすでに我々の頭の中にある一種の「限界」のうちにデザインされる。それを自覚すれば、人間が等しく備えているナイーヴな分類学のセンスや、動植物の形態を表現する言葉の数々が、我々を取り巻く自然の中で、歴史を通じて醸成されてきたことに思い至る。それがつまり、自然観といわれるものなのである。我々がまっとうな自然観に従ってモンスターを幻視するとき、そこに影響する自然な形態学的センスの在処が分かる。ならば、怪獣をネタに科学を語ることもまた不可能ではない。時としてそれが、重要な思考実験となることさえある。

　架空の怪獣を科学的に検証して何の価値があるのか、そもそも科学的考証を十分に経ることなく作られた怪獣・SF映画は科学的な考察に価するのか、むしろ知的ジョークを楽しみたいだけなのか、などといった批判は当然あろう。それは私自身が類書やゴジラを扱った思想書についてこれまで感じてきたことだった。とはいえ、怪獣映画を観て満足するうち思わず反射的に考えてしまうことは多く、それを不特定多数の読者と分かち合いたいという真面目な意欲も否定できないでいた。

　怪獣映画といえども、いや怪獣映画であるからこそ、我々の常識を大きく揺るがす物語性は、逆に現実の生物世界の性質を浮かび上がらせてしまう。人間には、普通の生物を普通に受け入れてしまう「形態学的感性」とでもいうべきものがあって、その背景には生物進化や形態発生のルールが横たわっているのだ。

モンスターと純粋な生物学との間に関係がある必然性は一見ないが、人間が創作したものである以上、人間の感性が怪獣の設定やデザインに影響しないわけはなく、それを観る観客もまっとうな自然観や生物観の延長に恐怖の在処を見出すのである。この意味で、疑似生物学としてのＳＦ創作において、人間の発想は完璧に自由というわけではない。必ず、現実世界と地続きのイメージを作り出し、この世の生物学的な成り立ち方を露呈させてしまう。あるいは、現実の自然を手本とし、その少し外側に「あったかもしれない別の進化の帰結」や「どこか他の星に存在するかもしれない、別の生態系」を夢想することもある。逆に、観客は決して「完璧に無根拠な空想」を受け入れることはできない。その意味で、我々の生物学的な感性はある種「拘束された状態」にあり、それは作者と観客の相互作用のうちに形をなしてゆく。そのダイナミズムを吟味し、逆に生物学的自然観の、これまで意識されなかった側面をあぶり出してみようというのも、本書の隠された目的なのである。

かくして、「怪獣は、完全なイマジネーションによる産物である」などということはもはやできない。その背景ではつねに生物学的常識が無意識のうちに作用している。事実、多くの怪獣は当然のように左右相称の身体を持つ。宇宙から来たキングギドラでさえそうだ。それは現実の動物にありがちな構造の基本パターンをなぞっており、非対称になると生物らしさが減じ、その分、怪獣のリアリティも減じる。加えて、多くの怪獣は比較的明瞭な「頭部」を持ち、そこに感覚器官や脳があるのだろうと想像させる。また、怪獣をみただけで、ある程度の生物学的出自や分類関係が察知できる。それが比較動物学的思考であり、その生物学的根拠付けが怪獣に命を吹き込む。

怪獣はつまるところ、我々の知る生物科学の基礎の上に立った動物のヴァリエーション、あり得たかもしれない架空の「新種」なのだ。ならば、それは想像の上で解剖することもできようし、その怪獣が進化してきた道筋を考えることもできようし、それを通じてゴジラのような動物がなぜ現実には存在しないのか、できないのかをも理解できるであろう。こういったことは科学的にちゃんとした思考実験なのである。

無論、「こんなのあり得ない」といった事柄に出くわすことは多い。生物学的変容や進化的多様性にはさまざまな限界が付きまとうが、人間の想像力はそこからある程度は逸脱することもできる。だからこそ、怪獣と呼ばれる異形の生物を夢想できるのである。

とはいえ、「怪獣の不可能性」をあげつらうことが本書の目的なのではない。「無理だ」と言って笑い飛ばすのは思考停止でしかなく、それ自体は面白くも何ともない。むしろ、あり得ないと分かっていることであっても、「もしそれが本当に起こったなら、科学的事実や法則の中でどれを捨てなければならないか、どこに矛盾が生ずるか」と考えてみたい。そこから何か面白いことが分かるかもしれない。それで「動物を新しくデザインする」といったような新技術が可能になるはずもないが、現段階で何とかなりそうなこと、これから当分できそうもないことは、各時代の架空の小説や映画のプロットに反映される。そこに作用しているさまざまな科学的背景を示すことが必要ではないかと思ったのが、今回の執筆の動機であり、そうやって出来あがったのが本書なのである。ご堪能あれ。

目次

第三章 進化形態学的怪獣学概論——脊椎動物型怪獣の可能性——

第四章 進化形態学的怪獣論 ——不定形モンスター類の生物学的考察——

第一章　恐竜と怪獣の狭間

1. 取り残されたゴジラ ——進化形態学者のぼやき怪獣映画論——

一九五八年生まれの私は、当然の如くして幼い頃から怪獣に嵌まり込み、いまもその嗜好は消えやらず、国産・外国産を問わず怪獣の造形については言いたいことが山のようにある。まずもって、モンスターは不可思議で、加えて「異形」の存在でなければならない。しかし、異形と言っても、木に竹を接いだようなへんてこなものは笑いすら誘えない。生物学的に自然で、かつ、見たことがないようなものでなければならない。そこが中々に難しいところなのだと思う。

モンスター造りのセンス

たとえば、二〇〇五年のアメリカ映画『キング・コング（King Kong）』には、CGで表現されたさまざまなモンスターが登場する。その多くは古生物を復元したようなものだが、中にはトンデモないものもある。谷底に落ちた人間がもろもろの無脊椎動物に襲われるという、いささか気持ちの悪いシーンでのことだ（これはオリジナルの一九三三年版の映画『キング・コング』のために作られながら、あまりに気色悪いのでやむなくカットになったという、曰(いわ)く付きのシークエンスを再現したものだそうだ)。そこに出てくるものの多くはいわゆる節足動物で、CGも良くできており、生々しさはたっぷりでよく動くのだが、明らかに何かがおかしい。クモの体にサソリのハサミが付き、さらに頭部が明らかに昆虫だったりする。

たしかに、動物の基本的解剖学構築、すなわち「ボディプラン」は動物門の単位で決められていると教えられる。節足動物は基本的にみな同じ構造を持つのである。しかし、それはあくまで最低ラインの話であって、特定のグループにしかないはずの特徴が複数、ひとつの動物の中に同居しているというのは許されない。同じ節足動物だといっても、昆虫とクモ、サソリの仲間はえらく違う。節足動物の多様性というのは、ただ単に決まったフォーマットを変形させているだけではなく、その変形の仕方に、一定の流派とか系統進化に沿った階層的段階があり、それが多様化の歴史を反映させているのである。

したがって、髑髏島の谷底に棲息(せいそく)するクリーチャーたちは、動物学的に分類不可能なのである。分類不可能ということはすなわち「わけが分からん」ということである。よく言われるように、「分ける」は「分かる」に通ずるのだ。ただ単に、分類学的所属が分からないというのではなく、体の各部が特定の、しかも別の分類群を明確に指定しているのである。脊椎動物で言えば、「サカナの体にヒトの腕とトリの翼が付いているような状態」とでも言えばよいだろうか。それこそまるで鵺（ぬえ）のような存在、まっとうな進化的特殊化の結果として現れ出ることができない「不可能モンスター」なのである。これは、魔法使いが気紛（きまぐ）れで作ったファンタジー紛（まが）いの代物で、決して怪獣が登場するSFの中に現れていいものではない。

同映画の中では、明らかにティラノザウルスをもじったような、「バスタトサウルス・レックス」なる恐竜の生き残りも出現するのだが、これがまた、恐竜にワニの鱗を貼り付けたような代物で、私にはどうも……。たしかにワニと恐竜は系統的に近いのだが、しかしだからといって、ワニ独自の形質がモロに恐竜の背中に現れたりなんかすると、私の中の形態学的センスが悲鳴を上げるのである。

かくして、果てしなく先鋭化を続けるCG技術の一方で、動物形態のリアリティに対する感覚は一向に向上していないということがここに露見し、形態学者であると同時に怪獣映画ファンでもある私は、そこが歯痒（はがゆ）くてならない。誰か、友人の動物形態学者を、映画会社に送り込みたくなる。

何も「怪獣は現実の動物に近くなければならない」などと、無粋でマニアックなことを言っているわけではない。あるいは、訳知り顔の動物学者が偉そうなことを言っていると思われても困る。「モンスター造りのセンス」のことを言っているのだ。モンスター造りとはまっとうな動物学や美術センスによって補強されるべき、ひとつの「文化」だ。日本のテレビ番組に登場した宇宙人や怪獣達は、動物分類学に嵌まりきらないような連中ばかりであったが（バルタン星人とかネロンガとか）、必ずしもクリーチャーとして矛盾した生物でも不自然なものでもなかったし、加えてデザイン的に素晴らしかった。一方で、髑髏島の無脊椎動物たちは、複数の実在の動物の部品を継ぎ接ぎしたものに過ぎないことが分かるからこそ、そのデザインポリシーの底が透けて見えていて、不快でたまらない。一方で、「動物としてこの形はアリか？」というような、わけの分からないデザインのクリーチャーもいただけない。『クローバーフィールド』（Cloverfield　二〇〇八年）とか、ギャレス・エドワーズ版『GODZILLA　ゴジラ』（Godzilla　二〇一四年）に出てくる敵怪獣の、まるで安定感ゼロのデザインはどうだろうか。そもそも「脚」というものには、関節やショックアブソーバーがあってしかるべきなのである。あの『パシフィック・リム』（Pacific Rim　二〇一三年）にしても、内容的には素晴らしい映画だとは思うが、やはり怪獣のデザインに関しては決して合格点をあげられない。

怪獣と正統派恐竜との決別

で、我が国のゴジラである。この怪獣は一九六四年の『モスラ対ゴジラ』以降、次第に哺乳類的になってゆく。[*1]一方で、ゴジラの変貌をよそに、古生物学も大きく発展し、ゴジラのデザインの根幹を成していたティラノザウルス（暴君竜）は、かつて直立であった状態から、水平に近く姿勢を変え、しかもこの恐竜が属する獣脚類の仲間のほとんどは、じっさいトリのような羽毛を生やしていたらしいということが、いまやほぼ明らかになっている。

つまり、時代が下るにつれ、恐竜のイメージとゴジラのイメージが反対方向へ乖離していったわけである。結果として、もはやゴジラを「恐竜」とは呼びにくい状況になってしまった。昔は多少似ていたかもしれないが、いまとなっては似ても似つかないのだ。たとえば、最新の恐竜図鑑の良い例として『ニュートン別冊　ビジュアル恐竜事典』[*2]などを見てみるとよい。そこでは、肉食恐竜のほとんどが、鳥類の「ヒナ」のような形に復元されており、もはやそこにゴジラ的イメージを見出すことは困難である。

無論、この獣脚類恐竜というのは、鳥類を輩出したグループであり、早い話が「トリの祖先」といって良い。ならば、「獣脚類の姿はトリそのものではなく、鳥類のヒナにむし

日本怪獣映画の原点“初代”ゴジラ。　『ゴジラ』©TOHO CO., LTD.

ろ似るだろう」というのが、反復説を生み出した進化形態学のセンスなのである。[*3] それはたとえば、イルカの新生仔に髭が生えているとか、ヒトの新生児にいくつかの類人猿的特徴が残されているといったようなことの延長としてあるわけだが、私としてはそういったヒナ的恐竜の姿は相当に信憑性の高い復元ではないかと密かに思っている。じっさい、筆者は学生時代、キバタン（オウムの一種）に見るような純白の羽毛に覆われたティラノザウルスの夢を見たことがあるが、それも根拠のない想像ではなかったらしい。つまり中生代には、レイ・ハリーハウゼンの名作映画『SF巨大生物の島』(Mysterious Island　一九六一年)に出てくるような、「巨大な雛」のような姿をした恐ろしい肉食恐竜が地上を闊歩（かっぽ）していたということになりそうなのである。

このような恐竜のイメージの変遷に、「ゴジラのイメージが決して追随しなかった」というのが良いところだと私は勝手に思っている。むしろ、ゴジラにまつわる哺乳類的イメージはいまや明らかで、時折映画の中に出てくるゴジラの頭蓋骨も哺乳類以外の何ものでもなく、なにより、動いているゴジラが表情をもっているところがいかにも哺乳類らしい（次項で後述）。「表情」というのは、顔面神経によって支配される表情筋の動きによるもので、瞼（まぶた）が上から下に向かって閉じるのもそのためである。この表情筋は、もともと鰓（えら）を動かしていた筋のひとつが変形してできたもので、これは哺乳類にしか存在しない。したがって、ゴジラが人間に対して怒っているのは、イヌが吠えているのと同じレベルでのコミュニケーションだということになる。一方、トカゲやワニに表情はない。精々（せいぜい）顎を大きく開いて威嚇するだけで、歯をむき出しにすることすらできない。

我が道を行くゴジラであってほしい

『シン・ゴジラ』におけるゴジラはまるで無表情で、いったい何を考えているか分からなかったが、まぁ、アレはアレで不気味だから良いとして、取りあえず我々の頭にこびりついているゴジラは怒りんぼで、ある人達に言わせれば「荒ぶる神」であり、そのような存在は鬼の形相を備えていてしかるべきであろうし、その表情でもってゴジラは目一杯歌舞伎役者として富士山を背に咆哮（ほうこう）を上げるのである。などということを考えると、アヒルのヒナに牙の生えたような恐竜としてゴジラを描くことなど、いまとなっては不可能だろう。我が国のゴジラは、正統派恐竜への道と決別するのが正しい選択だったのであり、今後もそれは変わらないであろう。

　モンスターとは何か、フィクションとは何か、一体何がそのリアリズムを支えるのか。それを支えるのはじっさい、科学リテラシーの根元であるところの科学やその周辺の疑似科学である。科学的仮説とはいっても、それが証明されるまではフィクションなのである。かといって、あり得ないことを全て他所（よそ）へ押しやり、現実だけ、証明されたものだけをかき集めて目の前に突きつけるのは、早い話がただのドキュメンタリーでしかない。我々は、ゴジラにそんなものを決して求めてはいない。夢の在処（ありか）は、現実と非現実と、そしてまだ解明されていない謎の間のどこかにいつも潜んでいる。其処（そこ）を突いて現れるのが「怪獣」だ。かつて、ドラゴンやキリンがそうであったように。科学者の夢と怪獣映画ファンの頭の中は、じつは意外に近いのである。

2. 恐竜とモンスターの分岐

科学の発展により世界のイメージががらりと変わるということは時々ある。科学が細分化、専門化したと言われるようになって久しいが、科学雑誌「ネイチャー」の最新号を開いた途端（たいていは冊子体ではなく、オンラインで見るのだが）、思わず声を上げてしまうようなことが、いまでもたまにはある。最近の例では、二〇一七年三月に、恐竜類の二大分類群である「竜盤類」と「鳥盤類」が対等な関係にあるのではなく、じつは鳥盤類が竜盤類の内群（そのなかに含まれるということ）であったというニュースがあった。[*4]

恐竜の系統に関する「事件」

カミナリリュウとかアロサウルスとかヴェロキラプトルから成るグループは「竜盤類」と呼ばれ、それは骨盤がワニのそれのようなかたちをしていたからであり、もう一方に、トリケラトプスとかイグアノドンのような草食性の恐竜の一群があって、その骨盤がトリのそれのような形をしていたもので「鳥盤類」と呼ばれ、以前はこれら二つのグループが枝分かれによりそれぞれ対等に進化してきたと考えられていた。ちなみに、鳥盤類とトリ

恐竜の系統図が変わる

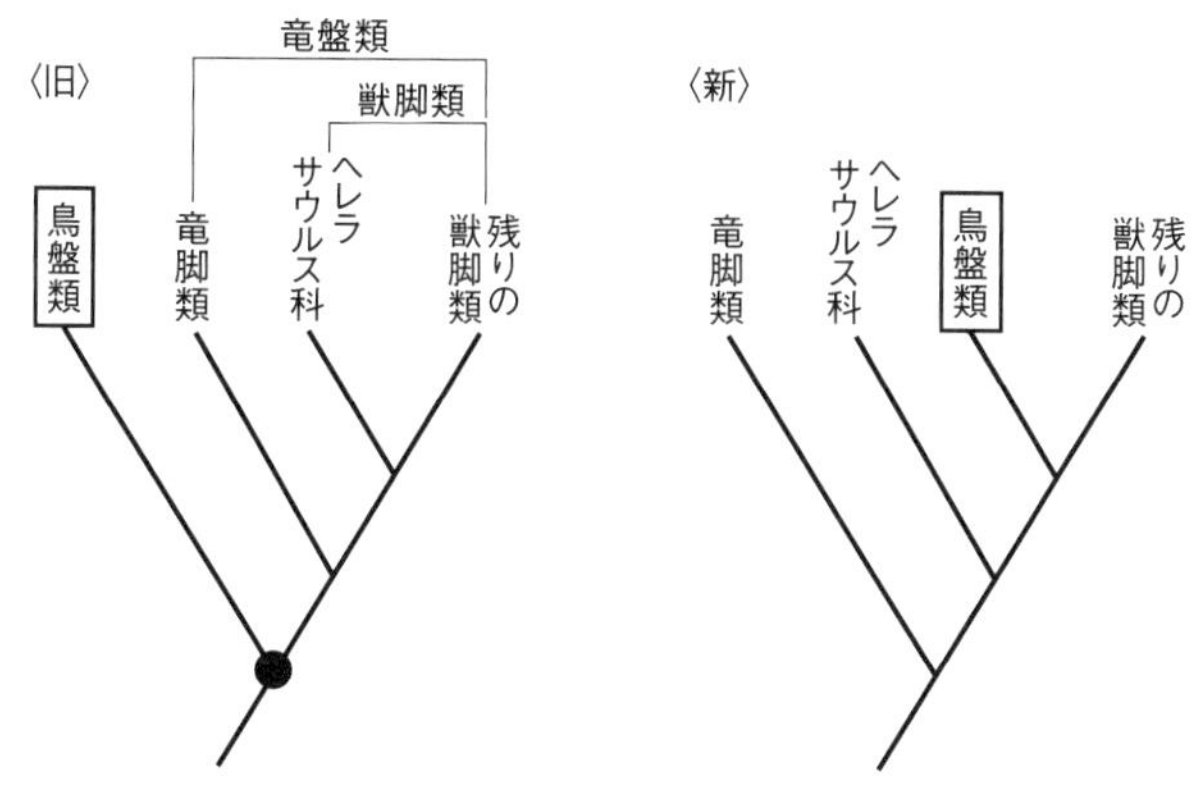

以前は、黒丸のところで鳥盤類と竜盤類が二叉分岐したと思われていたが、新しい説によると、鳥盤類は従来竜盤類と言われていたものの内部に包含されることになっている。

との類似性はいわゆる「他人のそら似」であり、実際にトリを生み出したのは鳥盤類恐竜ではなく竜盤類である。いずれにせよこの枠組みでは、鳥盤類と竜盤類が恐竜全体の共通祖先から二叉分岐して生じたと思われていたわけである。

ところが、綿密な観察により、どうやら鳥盤類が竜盤類の「内部から」発してきたということが分かったのである。見方によれば、鳥盤類は竜盤類より少し遅く生まれ、それだけ特殊化したグループだとも言える。筆者の研究グループの平沢達矢博士によれば、三畳紀のエオラプトルのような獣脚類に似た恐竜が、竜盤類と鳥盤類の分岐の外側にくるような説も過去にはあったという（図）。したがって、獣脚類と鳥盤類がクレード（系統群）を作るという結果は、一部の人には想定内のことではあった。今回の結果は、正確には、「これまで獣脚類とされてきたクレードの内部から鳥盤類が分岐した」と言うべきだろう。

よく考えてみると、こういった進化のパターンはむしろ普通である。近縁な二つのグループが、きれいな二叉分岐によって同時に新しく生ずる（つまり、二叉分岐の前にはどちらも存在していなかった）などということはまずない。我々人間、つまりヒトと、それ以外の霊長類は対等な関係ではなく、霊長類の中のひとつの種としてヒトがいるに過ぎない。この関係はすなわち、我々が霊長類の中から内群のひとつとして生まれたという進化的経緯を示しているわけである。同様に、チョウはガの内部に分類されるべき一群に過ぎず、単子葉植物も一風変わった双子葉植物に過ぎない。

加えて、顎を持った現生の脊椎動物はヒトを含めて全員、おそらく化石動物である板皮類の内群だ。ちなみに、我々の祖先がサメのようなものであったことはない。こういったことは通常、遺伝子のアミノ酸配列を元に系統解析して分かることが多く、そのおかげで我々生物学者は過去十数年の間にかなりたくさんの「びっくり」を経験させて貰ったのだが、恐竜の分類に遺伝子データは使えない。つまり、今回の発見はまさに比較形態学の快挙というべきなのである。

「内群」とか「外群」とか「分岐順序」というものは系統解析における話で、分類学的にはあまり大きな違いはなく、いままで「竜盤類」と「鳥盤類」と呼ばれていたものが一挙に消えてしまったというわけでは決してない。要するにこれは、鳥盤類がどのあたりに起源を持つかという問題なのであり、それによって恐竜をどのように形式的にまとめ上げるかという約束事に、但し書きがひとつ増えただけのことと思ってもらっても構わない。あるいは、竜盤目恐竜の中から、同じようなパターンで骨盤のかたちを変えた二系統の動物が独立に進化してきた――そしてそのひとつがトリだった――ということになるか。それでも、地球における生命の歴史を樹木の繁茂のようにイメージしている筆者のような比較動物学者にしてみれば、これはえらいことなのだ。なぜなら、恐竜の中の大きな枝の生え出す位置が変わってしまったのだから。

これまで恐竜は「現生鳥類とトリケラトプスの最も近い共通祖先より分岐したすべての子孫」と定義されてきた。この定義ではトリも恐竜の一員とされているわけだが、これに従えば、「この共通祖先以前の動物は恐竜ではない」ということになる。これまではそう考えられていたし、それが二叉分岐による鳥盤類と竜盤類の誕生と等価でもあった。

が、今回の報告は、これまで竜盤類に分類されていた恐竜のいくつかがこの二叉分岐以前に存在していたということを明らかにしたわけである。それはつまり、もともと鳥盤類のような姿をしていた恐竜の祖先の中から竜盤類が出てきたというのではなく、その逆のパターンで恐竜が多様化してきたということなのである。いわば、トリ以外の竜盤類恐竜の基本形は、進化的段階として見れば鳥盤類や鳥類よりもやや原始的なのだ。あるいは、トリを含むすべての恐竜の共通祖先はどちらかというと竜盤類に近く、そしてワニにも幾分似ていたのであろう。異論はあろうが、こういった諸々のことすべてをすっきりひとつの図式として教えてくれるので、分岐順序や系統樹を好む人が多いのだ。そういうわけで今回の発見は、恐竜そのものの出自に関するイメージを変えてしまったといって決して過言ではないのである。私の頭の中では、恐竜の進化史が様変わりしたのである。

時代によって変化する恐竜のイメージ

で、問題の恐竜のイメージである。いま、本当に目の前に恐竜が現れたとしたら、それはいったいどのような生きものとして我々の眼に映るのだろうか。それを探求し、推測するのが古生物学であり、恐竜学である。現在の理解ではもちろん、鳥類が恐竜のなかから進化してきたことが分かっている。「トリは羽毛の生えた恐竜に過ぎない」というぐらいだから、現生の生物の中で最も実際の恐竜の姿についてのヒントを与えてくれそうな動物はトリだということになる。ただし、そのとき我々は、トリがトリの姿を獲得する以前の、かなり原始的な状態を想像せねばならない。

　クマとかイヌとか、相手が我々と同じ哺乳類だったら気心が知れていて、そいつが怒っているのか喜んでいるのかだいたいの見当は付く。これがトリとなると、仕草がそもそも違うし、眼球が頭の真横に付いているものだから、こちらを見つめるときに顔を横に向ける連中がいる始末。じっさい、ハトがそうだ。かくして、鳥類は何を考えているのかさっぱり分からない。表情がないからである。

「いや、トリにも表情はある」と、よっぽどトリのことを知り尽くしている人は言うかもしれないが、それは長年の経験を積んだ結果として羽毛の動きとか、体の微妙な姿勢を翻訳できてようやく言えることなのであり、彼らには普通言うところの表情はない。なぜといって、トリには表情を作る筋肉が存在しないのだから。おそらく、本物の肉食性恐竜、すなわちいわゆる獣脚類の動きは、こういったトリの「わけの分からなさ」をある程度共有していたのではないかと想像できるのである。

トリは翼を用いて空を飛ぶが、四つ脚で大地に縛り付けられている存在として、恐竜はむしろゾウやキリンと同じ「ケモノ」、すなわち哺乳類に似た存在として想像されたりもする。昔のハリウッド映画で、カミナリリュウのミニチュアを動かすときに、ゾウの歩行を参考にしたというのはその典型的な例だといえる。それだけではなく、昔の図鑑や、その元となったイェール大学ピーボディ自然史博物館の恐竜壁画（ルドルフ・ザリンガーが一九四七年に描いた『爬虫類の時代 The Age of Reptiles』）では、多くの大型恐竜が灰褐色、もしくはミディアム・グレーで着色されていた。これもまたゾウやサイのイメージの延長にある配色であったのだろうと筆者は想像する。そのイメージは長らく支配的で、昔の映画に現れるカミナリリュウは、決まってグレーであったし、いつの間にかそれを最も自然な復元として誰もが受け入れてしまっていた。

映画『ジュラシック・パーク』（Jurassic Park 一九九三年）とその続編に登場する恐竜もまた、かなり哺乳類めいている。つまり、ライオンやチータなどの哺乳類の印象がぬぐい切れないのだ。ティラノザウルスが咆哮を上げながら人間を襲う様子はどうだ。あれはワニやトリよりも、なにか大型肉食哺乳類に通ずる恐ろしさを伴っているとはいえまいか。強いてあれに似た存在をひとつあげるとすれば、それは紛れもなくゴジラである。

じっさい、六〇年代の子供向け絵本では、怪獣と恐竜が同格に扱われている例が多かった。つまるところ、恐竜にまつわるイメージはモンスターのそれと軌を一にして、互いを補強しあって進歩してきたと言える。言い換えるなら、時代とともに恐竜のイメージは徐々に変化し、その最初の姿は、我々自身の中にあったモンスター的な何らかのイメージの担い手として立ち現れていたらしい。

次頁の写真に大型獣脚類の復元の変化を示した。左は一九八八年か八九年頃に友人が撮影してくれたもので、いまよりかなり若い筆者が一緒に写っている。これはフィールド自然史博物館のホール中央に飾られていた獣脚類恐竜である。この標本、「FMNH PR308」は、厳密にはティラノサウルス *Tyrannosaurus* 属ではなく、一九一四年の発見時はゴルゴサウルス *Gorgosaurus* に分類され、その後七〇年代にアルバートサウルス *Albertosaurus* に分類され、一九九九年以降はダスプレトサウルス *Daspletosaurus* となった。ティラノサウルス属に比べ小さく、華奢で、頭骨の形態も異なっている（前出の平沢博士談）。

いずれにせよ、こいつはイェール大学ピーボディ自然史博物館の壁画に見るティラノザウルスと同じく、直立に近い姿勢で立ち上がり、尾はだらりと地面に垂れ下がっている。

大型獣脚類の復元の変化。以前は直立に近い姿勢で復元されていた（写真左、下は筆者）が、近年では前傾姿勢に変わった（写真右）。

体高は六メートルぐらいだろうか。しかも、その腹部には広範に腹骨が発達しており、その形状は、この動物がかなりの肥満体型と考えられていたことを示している。当時の大型獣脚類恐竜は、多かれ少なかれ、皆このような姿として想像されていたのだ。じっさい、この情けないまでに不格好な恐竜は、五〇年代のアメリカ映画、『知られざる大陸』（The Land Unknown　一九五七年）に登場した着ぐるみのティラノザウルスとよく似ている（この映画に登場する女性が、「もう、こんなところにいたくないわ」と泣きわめくシーンがあるが、恐竜造形のあまりのぞんざいさに、観ていた私もまったく同じことを言いたくなったと付言しておく）。つまり、この頃の恐竜の骨格には、着ぐるみと同様の人間的身体感覚が投影されており、それがモンスターと恐竜を繋いでいたのだ。

写真右は同じ博物館の同じホールにおける、それから一〇年後のティラノザウルス。もちろん、『ジュラシック・パーク』公開後のことだ。映画と同様、この恐竜は前傾姿勢をとり、かなり精悍な印象だ。体軸の向きがほとんど水平線に近づき、尾がまっすぐに空中に持ち上げられている。あるいは、大腿骨を支点として体が「ヤジロベエ」のように支えられているといった方が適切か。じつは、いまでは当たり前のように信じられている恐竜のこの前傾姿勢は、八〇年代初期にすでに十分広まっていたのだが、フィールド自然史博物館がそれを展示模型に採用するまでには少々時間がかかったらしい。

変貌する恐竜とモンスター

昔のゴジラの姿は、いまと大して変わってはいない。それは昔流のやり方で復元されたティラノザウルスやイグアノドンの模倣としてまず生まれ、当時はそれがゴジラならびにゴジラに続く爬虫類型怪獣に、単なる「龍」の変形ではない、一種の科学的リアリティを付随させてきた。同様のことは、プテラノドンを模したラドンや、アンキロサウルスそのものの蘇りとして設定されたアンギラスについても言うことができ、当時（一九五〇年代）の東宝怪獣映画は、さながら「中生代vs現代」という様相を呈していた。そもそもその不調和は、『ジュラシック・パーク』にも取り上げられていたテーマであった。

しかし、古生物学の発展とともに現実の恐竜の姿が変貌してゆき、ゴジラたちが銀幕上に取り残されてしまったと同時に、独特の想像上の世界観を構築していった。昔はゴジラに似ていたかもしれないとされていたティラノザウルスは、むしろ羽毛を持ったトリに似ていたという見解に取って代わられつつある。ティラノサウルス科の外皮について、皮膚の印象化石（外形の印象だけが残った化石）をもとにした論文が最近出た[*5]が、それによるとティラノサウルスはゴジラ同様、鱗に覆われていた可能性もあり、『ジュラシック・パーク』第一作に見るような外見だったともいう（前出の平沢博士談）。が、少なくとも大多数の獣脚類は、羽毛でもって覆われていたとするのが現在の定説である。そしてそれは、成体のトリというよりもむしろトリの「ヒナ」のような姿をしていたらしい。動物は、成長したあとよりも、幼若期の方が祖先の姿を彷彿させるであろうという発想である。

かくして、我々の頭の中に棲息する恐竜はかつて、いまよりもずっと「モンスター」だった。あるいは逆に、モンスターは人々の想像の上では恐竜とほぼ同じ位置を占めていた。キング・コングが恐竜と戦うのであれば、キング・コングがモンスターである以上、恐竜や翼竜も一九三〇年代の時点ではモンスターである。じっさい、オリジナルの『キング・

コング』は、それに先立つ映画『ロスト・ワールド』(The Lost World 一九二五年)の完全な焼き直しであり、ほとんど同じプロットがそこに繰り返されているのを見ることができる。それはまるで、『ロスト・ワールド』におけるチャレンジャー教授がそのままキング・コングに変身したのかと思わせるほどである。

第一作の『ゴジラ』(一九五四年)においても、ゴジラは三葉虫と同じ文脈に見出されるべき、紛れもない古生物であった(注)。それが、『シン・ゴジラ』におけるゴジラはといえば、もはや「超生物」とでもいうしかないものに変貌してしまっており、「プロトン・ビーム」は吐くわ、レーダーまで備えるわ、飛んでくるミサイルさえ打ち落とすわで、もはやこんな生物には三葉虫もアンモナイトも似合わない。これはいわば、ゴジラ映画史上、古生物としての初代ゴジラから最もかけ離れた存在と言ってよい。そもそもこれではメカゴジラと戦わせる意味がない。

一方で、新作の『キングコング 髑髏島の巨神』(Kong: Skull Island 二〇一七年)においては、恐竜の生き残りは登場しない。これは、キング・コングがのちにハリウッド版ゴジラと戦う予定となったため、モンスターの跳梁する世界の話だということを、この機会に意図的に明確にしているようにすら思える。ここに見るのは、モンスターの存在を許す世界観と、現実の恐竜を想像する科学的、生物学的現実世界の明確な決別なのである。たしかに、ちゃんと恐竜を恐竜として描いている映画が上映されている一方で、キングコングが恐竜ともゴジラとも戦うというのは困るだろう。

この点から微妙なのが、二〇〇五年の映画『キング・コング』であり、前述した通り、そこでは現実には発見されていない同定不可能な恐竜を含む主竜類（ワニ、トリを含む、中生代に支配的であった動物群）が数多く登場する。ひとつは、ヴァスタトサウルス・レックス *Vastatosaurus rex* をはじめとする架空の恐竜であり、もうひとつはフィートドン *Foetodon ferreus* と呼ばれる、三畳紀の獰猛なワニ類に似た、やはり架空の古生物である。つまり、厳密にはこれらは古生物ではなく、中生代の生物がそのまま生きながらえて進化を続けていたらどうなったか、そしてそのような特異な進化史の中で、キングコングも生まれてきたらしいという、他に類を見ない設定となっている。

注：すでに指摘したように、三葉虫と恐竜は別の時代の生物であり、同時代に見出されることはない。[*1] しかし、この種の不正確さは『ゴジラ』や初期の怪獣映画に限った話ではなく、あの『ジュラシック・パーク』にすら見出される。すなわち、グラント博士（演・サム・ニール）が「ジュラシ

ック・パーク・プロジェクト」に異議を唱える際、「六五〇〇万年の進化で隔てられてた恐竜と人間が――突然同じ世界で共存する　何が起こるか予測できる者はいません」と言って反対するのだが、それを言うなら、白亜紀末期に棲息していたティラノザウルスと、ジュラ紀に棲息していたステゴザウルスはどうなのか。これらもまた七〇〇〇万年か、あるいはそれ以上の時間で隔てられた恐竜である。そもそも、白亜紀の恐竜ばかりが出てくる映画が、なぜ「ジュラシック」なのか。それも不思議な話である。

表情をもつゴジラ

先述したように、怪獣は少なくとも日本では恐竜の中から生まれ、いつの間にか恐竜とは別の何かとして独自の道を歩むに至った。では、日本映画史の中で怪獣が恐竜と決別したのは、一体いつのことだったのだろうか。

『怪獣総進撃』（一九六八年）では、本物の恐竜を模したゴロザウルスとゴジラが同一の場所に存在することにより、ゴジラの恐竜性が希薄になった。組み合わせの結果として、恐竜と怪獣の間に要らぬ一線が引かれてしまったのである。また、『メカゴジラの逆襲』（一九七五年）では「チタノザウルス」という架空の恐竜が登場する（それがまた、トカゲとサカナのハイブリッドのような、どうにも実際の恐竜とは似ても似付かない風変わりな怪獣としか見えない)。そして、学会にそれを発表した真船信三博士(演・平田昭彦)が詐欺師呼ばわりされ、結果、この博士が世間に恨みを抱き、異星人の侵略兵器であるメカゴジラを操ることになるのである。

一方でその世界ではゴジラの存在は容認され、しかもそれは恐竜とは見なされていない。言い換えるなら、「怪獣は普通にいても良いが、恐竜の生存はなかなか信じてもらえない」という奇妙な亜現実の世界がそこに立ち現れることとなった。これは、『ゴジラの逆襲』(一九五五年)において、ゴジラとアンギラスがともに恐竜として戦った背景とはかなり異なっている。思えば、一度は銀幕上から姿を消し、一九八四年に復活して以来のゴジラは、わずかの作品を例外として恐竜的姿をまとってはおらず、平成にいたってますますその哺乳類的、「鬼」的な表情と動きを顕著にしてゆくのである。

「ミッキーマウス」に見るカリカチュア

先述のことに関していつも思い出すのが、私が子供の頃絵本の中に見た、『みっきーのねずみたいじ』[*6]という不思議な話である。自宅の郵便受けの中にネズミが居ついたというので、ミッキーマウスが大奮闘するというエピソードなのだがしかし、ちょっと待て。そもそもミッキー自身がネズミではなかったか。それがネズミを退治するとはいったいどういうことなのか。

じつは、ディズニーアニメに登場するミッキーやドナルドダックたちは、昔の童話におけるオオカミやキツネやクマにみるように、特定の類型的人格のカリカチュアとなっている。したがって、ミッキーもまた動物的に味付けされた人間のカリカチュアに他ならず、ネズミに見出されがちなキャラクターが漫画的にデフォルメされた形態として見えている――つまりはそれが、この一連のアニメの「文法」なのである。

そこまではいいのだが、そこに本物のネズミが出てくると話は一挙に複雑になる。なぜなら、「ネズミ」という記号の二重性がここではからずも露呈するからだ。おそらく、この話は日本の作家によるオリジナル作で、あまり何も考えずに絵本に掲載してしまったのだろう。しかし、それを見た幼い私には、かなり不思議な話だと感じられた。もちろんその概念も言葉も知らなかったが、あれはたしか、私が「レベルとメタレベル」の違いに相当するものを人生において最初に関知した出来事ではなかったかと記憶している。要するに、子供に冗談は通じないのだ。聞くところによると、平成ガメラシリーズも、「カメのいない世界」という設定において製作されていたということらしいが、それもまたこのカリカチュア記号のダブりを避けることが目的であったと覚しい。

話を戻し、このような視点から再び『メカゴジラの逆襲』を観ると、すでにこの頃のゴジラが本来の生物性やモンスター性を失いつつあり、以前首都東京を蹂躙（じゅうりん）した太古のモンスターが、とうとうゴジラの着ぐるみを着けた正義の味方となってしまっていることがよく分かる。ここで、本物の恐竜を登場させておきながら、ゴジラの出自を問わないのは、その世界でゴジラがよく認知されているということを示すだけではない。むしろ、出自が明確に問われないゴジラは、この物語世界では役割が明確化された、いわば「ミッキーマウス的登場人物」となっているのであり、通常、ミッキーの「ネズミ性」が問われないのと同じ理由で、ゴジラの出自もまた、六〇年代末期から七〇年代にかけては問われない。すでに、この頃のゴジラは存在感のあるモンスターではなく、物語の中での正義の在処を指し示す一種のカリカチュアとしてしか機能していない。「正義の味方」になったゴジラが揶揄（やゆ）されることはこれまで度々あったが、その多くはむしろこの怪獣のカリカチュアライズ、もしくは「童話化」に対する批判だったと思われる。それは、モンスター映画からSF性が剝ぎ取られることとほぼ等しい。これが、恐竜から派生したモンスターたちの末路だったのである。

怪獣特撮映画の世界観は少しずつ異なる

一九六〇年代初頭、日本人にとって恐竜は一種、手の届かぬ憧れの生物であったように記憶している。つまり、舶来の高級な代物であった。というのも、日本からは恐竜化石の発掘例はほとんどなく、わずかに戦前、樺太（サハリン）から発見されたニッポンリュウ（ニッポノサウルス・サハリネンシス：鳥盤類、カモノハシ恐竜の一種）があるだけだった。ところが一九六八年、（恐竜ではないが）フタバスズキリュウ *Futabasaurus suzukii* というクビナガリュウ（エラスモサウルス科）が福島県でほぼ完全な形で発見され、七〇年代にちょっとした古生物学ブームが起こっていたことを記憶している。[*7] 続いて各地から多くの恐竜化石が報告されるようになり、いまに至っている。現実的で学問的な対象として、化石大型爬虫類は日本人にとって、次第に身近な存在になっていったのである。

かくして、早くも六〇年代末期には、怪獣映画と明確に一線を画した「恐竜映画」、もしくは「恐竜ドラマ」というジャンルが、少数ながら確立し始めていた。これは、モンスター映画に本来のSF性を取り戻そうとする傾向と見えないこともない。古生物学的現実という科学的根拠に裏付けられた恐竜は、怪獣にまとわりついたキャラクター性を払拭するために好都合の素材だったのである。

たとえば、一九六七年から放映された『怪獣王子』は、タイトルにこそ「怪獣」と付くものの、そこに登場するのは明瞭に古生物であり、とりわけ巨鳥ディアトリマ（最近では果実食性のトリだったと考えられているらしい）の登場でもって記憶されるべき、珍しい恐竜SFドラマとしての体裁を持っていた。いわば、モンスターとの差異化を果たした、新生古生物たちの登場する舞台が設えられたのである。

『怪獣王子』において、ブーメランを振り回す主人公の伊吹タケル少年（演・野村光徳）とつねに行動を共にするカミナリリュウは「ネッシー」と呼ばれ、そこには当時盛り上がり始めていた、いまでいうところの未確認生物（UMA）ブームの影響が顕著である。つまりこれは、地層の中から掘り起こされた恐竜ではなく、いまでもこの地球のどこか、秘境に棲息（せいそく）しているかもしれないUMAとしての恐竜なのである。つまりは、怪獣よりもむしろUFOや雪男に近い存在といえようか。

一九六〇年代半ばの第一次怪獣ブームにより、もともと恐竜をベースにした怪獣世界がいつしか独自の道を歩むことになり、それに伴って怪獣がジャンル化したことが、本来の恐竜からの分化を進行させせたらしい。その傾向は明瞭に六〇年代末期から七〇年代初期に起こっており、それ以前にはその区分けは存在しなかった。つまり、獣脚類だか哺乳類の祖先だか知らないが、古生物としてのゴジラとアンギラスが戦う一九五五年の『ゴジラの逆襲』は、その分化が進行していない時代の映画だからこそ、いまでもその限りにおいてSF色の強い怪獣映画として観ることができ、本来の設定は当時存在していなかった恐竜映画のものだったのだ。それは、遠くコナン・ドイル原作の『ロスト・ワールド』とも完璧に地続きだったのである。モンスターのいなかった時代における恐竜は、人々にとってモンスターの納まるべき地位を占めた。しかし、恐竜の生物学が現実味を増すにつれてモンスターは人格を伴うカリカチュアとなった。つまりは、ネズミならぬミッキーマウスと化した。そして、平成に至って「神格」さえまとってしまったが、それについては敢えて考えまい。いずれにせよ怪獣特撮映画は、時代ごとに、作品ごとに少しずつ異なった世界観を提示してしまう、見ようによってはちょっと興味深いジャンルなのである。

洋の東西を問わず、恐竜は怪獣の役割を果たしてきた。恐竜が現代に蘇ってきたという初代ゴジラの設定が荒唐無稽だというのなら、石器時代の原始人が恐竜と暮らしていたという設定の英米の多くの映画、たとえば、『恐竜100万年』（One Million Years B.C. 一九六六年）も同様である。一九六九年にアームストロング船長が最初に月に降り立ったとき、日本では「月にウサギがいないと分かって、夢が奪われた」と嘆いた人々が多くいた。半分は、スタイルとしてそう言っていただけなのではないかと思うが、恐竜のイメージが古生物学的正確さを加えることによって、その姿が次第に我々の怪獣のイメージから遠ざかっていったのも、それと似たような現象と言えるのかもしれない。前出の平沢博士によれば、逆に二〇一五年の映画『ジュラシック・ワールド』に登場する、遺伝子操作で作られたインドミナスという恐竜は、恐竜映画に怪獣のイメージを復権させるものだったように思えるとのこと。

思えば、怪獣のイコンは必ずしも実際の古生物にヒントを得たものではなく、逆に我々人間の想像力に由来する「内なるモンスター」のイメージが色濃く投影されて成立したものとみるべきなのだろう。それはまた、恐竜に対する我々の欲望の、原初の姿でもあったのである。

第二章　日本怪獣学各論

1. 怪獣に通常兵器はなぜ効かない

一九九九年に公開された『ゴジラ2000ミレニアム』では、ゴジラ細胞の特徴として、「オルガナイザーG1」と呼ばれる、一種の「細胞内小器官（オルガネラ）」があることが紹介された。細胞内小器官というのは、「ゴルジ体」とか「ミトコンドリア」のような、細胞の中にあって特別な機能を果たす小構造のことだ。植物の細胞の葉緑体もそのひとつだ。こういったもののいくつかについては、太古の昔、真核生物（我々ヒトのように、細胞の中に細胞核を持つ生物）の成立に伴って細胞の中に共生した、原始的な他の原核細胞に由来するという説が現在では受け入れられている。真核細胞の起原を説明するものとして、一九六〇年代にアメリカの生物学者、リン・マーギュリスが提唱した、「細胞内共生説」と呼ばれている考え方だ。

「ゴジラ予知ネットワーク（Godzilla Prediction Network）」の主宰者、篠田雄二（演・村田雄浩）らが最新型の顕微鏡で発見した、「細胞の復元と個体形成（筆者注――むしろ、組織再生と言うべきか）、両方の機能を持っている（篠田による表現）」というオルガナイザーG1も、見たところそんな細胞内小器官のひとつのようだが、それが他の共生原核細胞の名残なの

砲撃による損傷をも修復するゴジラ。

『ゴジラ2000 ミレニアム』©TOHO CO., LTD.

かどうかは分からない。いずれにせよこれは、なぜゴジラが自衛隊の武器に対してあれだけの耐性を持つのか、なぜミサイルを撃っても死なないのかを説明するために持ち出されたものだ。細胞がどんなに損傷しても、オルガナイザーＧ１がどんどん細胞を修復してしまうというのである。ふむ……。

従来の兵器が、もっぱら火力をもってゴジラを殲滅しようとしていたのに対し、『ゴジラ２０００ミレニアム』では「フルメタルミサイル」という兵器が導入されていた。これは純粋な質量兵器で、ゴジラを貫通することだけを狙いとしたものである。非常に痛そうだ。結果、ゴジラは部分的に破壊されることになるが、オルガナイザーＧ１がつねに驚くべき治癒能力を発揮しているものだから、兵器が一切効かないように見えるだけなのだということが分かってくる。この映画ではいわば、オルガナイザーG1は、フルメタルミサイルとセットになって、ゴジラの生命力に新しい意味をもたらしている。

日本の怪獣がいくら通常兵器での攻撃を仕掛けても決して死なないことについては、これまであまり説明されたことはなかった。強いて言えば『大怪獣バラン』(一九五八年)において、「砲弾を跳ね返すのは、皮膚の硬さではないと思います。むしろ、柔らかいから受け付けないのかもしれません」(馬島博士〈演・村上冬樹〉)と推測されたのがほとんど唯一の例だと思う。が、今回のゴジラはちょっと違う。攻撃の度に一応ちょっとずつ壊れているのだが、非常に高い治癒能力でもってその都度、修復しているだけなのであると。これは、ちょっと面白い。無理だけど面白い。

この物語では、ゴジラ掃討作戦をよそに、日本海溝の底からなにか未知の物体、一種のエイリアンが浮上してくる。それが機械なのか生命体なのか、まったく分からないのだが、とにかくそいつはゴジラの体をスキャンし、細胞の中のオルガナイザーG1を発見、それを自らのものにしようとする。ゴジラから拝借したこの細胞内小器官の力を借り、この「物体」は怪物を作り出すが、最初はどうもうまく行かない。それを見て篠田は、「オルガナイザーG1は、ゴジラ以外の生物は制御できない」のだろうと推測する。そこで「物体」はゴジラ紛いの怪獣を作り出す。この、「オルガ」と名付けられた怪獣がゴジラの新たな敵となるわけだが、やっぱりゴジラは強かった、という話である。どうやら、この物語の本当の主人公はオルガナイザーG1だったらしい。

この新怪獣オルガ、どこかいつもの日本の怪獣らしくない。デザインがハリウッド的で、ちょっと和製怪獣のようには見えない。私は『ウルトラマン』(一九六六年)に登場したレッドキングとかネロンガとか、分かりやすくてかつ迫力のある怪獣が好きなのだ。その一方で、オルガには、後述する『ゴジラvsビオランテ』(一九八九年)のビオランテにも通ずる「わけの分からないおどろおどろしさ」もある。おそらく、オルガがゴジラを飲み込もうと、大きく口を開け、喉の奥から消化管の一部を広げて見せたときにそう感じたのだろう。ビオランテがこのオルガのようなしつこさで戦ってくれていたら、と思う。

「オルガナイザーG1」とは何か?

さて、オルガナイザーG1とは一体何だろう。その機能のメカニズムが分かれば、医療にも応用できるだろうと科学者達は色めき立つが、このあたりの成り行きが現代の科学が置かれた社会的状況を見ているようで非常にリアルだ（せめて、映画の中ぐらいは「純粋SF」として楽しみたいと思わないでもない）。『シン・ゴジラ』においても同様に、半減期が極端に短い未知の元素が存在し、それが「放射能汚染対策にとって大きな福音となろう」と期待が寄せられていた。生物が達成した特定の機能を人間がちゃっかり拝借しようという、広い意味での「バイオミメティックス（生物模倣技術）」的な発想がこういったところに垣間見える。

いずれにせよ、オルガナイザーG1はゴジラ細胞における究極の修復装置のようなものらしい。じつは本物の細胞にも、「ストレスタンパク質」という細胞の修理工具のようなものがあり、それをコードした遺伝子がいくつか知られる。「熱ショック遺伝子」とか、「進化的キャパシター」と呼ばれる遺伝子の話を耳にした読者はおられるだろうか。その典型的な産物は、分子シャペロンと呼ばれる「タンパク質調整係」と言うべきもので、突然変異や熱の作用で形が歪んだタンパク質を、本来の形に直す作用を持つ。つまりこれらはみな、小さなトラブルをその都度修正してしまう遺伝子なのだ。植物の光合成においても、強い光で損傷したタンパク質を補修する分子的機構がある。

無論、ひとつのタンパク質でもって、細胞に生じたありとあらゆるトラブルをシュートでき、さらにＤＮＡの複製ミスや、放射線による断裂など、核酸を補修するなどの仕事も同時にこなすなどという装置を考えることは難しい。しかし、だからといって「オルガナイザーＧ１など嘘っぱちだ」などと結論するのはあまりに能がないので、少し可能性を探ってみたい。

魔法の杖「オルガナイザーG1」の正体

　ひとつの可能性は、絶えず放射線に晒されているゴジラ細胞中の高分子構造をつねに修復する細胞内小器官が進化したということ。その器官は治すべき分子の構造をすべて知っているわけではない。なぜなら、そのような器官は細胞の中にありながら、その細胞と同じだけの複雑さを備えていなければならないという矛盾が生じるからだ。であるなら、むしろ「損傷していない分子構造をレファレンス（お手本）として用いる方法に長けている」と考えるべきだろう。損傷を示すシグナルが感知できさえすれば、その小器官は応急処置を施すことができるかもしれない。ＤＮＡの変異や損傷についても同様である。

　ならば、オルガナイザーＧ１は放射線対策の一環として、つまり生体高分子に生じた変異を専門的に相手にするトラブルシューターとして進化した可能性があり、その副産物として人間の攻撃に対してめっぽう抵抗力が強いという話になりそうである。ひょっとしたらそれは、『シン・ゴジラ』におけるゴジラ細胞の細胞膜上に発見された極限環境微生物のようなものが、ゴジラという放射線量の大きな極限環境を見出し、細胞内共生を始め、細胞内小器官になったものかもしれない。この仮説は割と気に入っている。しかしこれは、あくまで細胞組織修復や治癒の話であり、欠損した器官を作り出すとか、失われた構造を再生するために機能するようなものではない。

では、篠田が「オルガナイザーG1は、ゴジラ以外の生物は制御できないんだ」と言ったとき、それはいったい何を意味していたのか。このあたりから、映画の中で「オルガナイザー」の意味が「個体発生時に機能する形成体」にすり替わっていったように思う。じっさい、篠田は「形のないものに形を与える」機能を持つものとしてオルガナイザーG1を説明しているが、彼はそんな観察データを持っているはずがないのだ。円盤状エイリアンの最初の試作品怪獣が途中で瓦解したとき、篠田はオルガナイザーG1がゴジラ特別仕様であることを看破するが、どうもそこには発生生物学における「形成体としてのオルガナイザー」の意味が込められていたように思う。細胞修復によって組織再生を司るはずのオルガナイザーG1が、いつの間にか「形のないものに形を与える魔法の杖」に変貌してしまっているのだ。動物の発生においては、この「魔法の杖」に相当する組織が実際に現れる。

古く、ヒルデ・マンゴールドとハンス・シュペーマン（ともにドイツの発生学者）によって発見されたように、脊椎動物の原腸胚（げんちょうはい）には「オーガナイザー」と呼ばれる特殊な部分があり、これを他の胚に移植すると、体軸が重複して出来てしまう。「オーガナイザー」が自ら分化して胚体を作るのではなく、それが周囲の細胞に作用を及ぼすことによって新たな体軸を誘導する――つまり、体軸を作る術を持たない周囲の細胞群を調教的に組織化し、新たにパターンを作り出すわけだ。こういった現象を「誘導」という。オーガナイザーの誘導能があるからこそ、動物は前後や背腹の区別のある、メリハリの付いた体を持つことができるのである。

発生機構と修復機構の関係

のちにシュペーマンにノーベル賞（一九三五年生理学・医学賞）をもたらすことになったこの発見は、多細胞生物の体が単なる細胞の寄せ集めではなく、特定のタイプの細胞が秩序だった配置と極性（前後や背腹）を得ることによって、三次元的な解剖学的構造を手にするという、生物の形態形成の最も基本的な謎に直接答えるものだった。本来、英語読みの「オーガナイザー」は、脊椎動物原腸胚のこの部分、両生類胚では「原口背唇部」と呼ばれる小さな領域、哺乳類胚では「原始結節」と呼ばれる細胞の塊に対して与えられた名称であり、組織修復や細胞修復とは直接には関係がない。

意外に思われるかもしれないが、発生中の胚の細胞はもともと、放っておけばみな腹側の細胞になってしまう。それがデフォルトとして設定されているのだ。オーガナイザーの本質的機能は、拡散性の特別な分子を分泌することにより、周囲の細胞に「背中側になれ」という指示を出すことにある。その結果として背中側に「脊索」という支柱が出来て背骨のもととなり、その上に中枢神経が出来、その両側で筋や骨格のもととなる中胚葉が極性化され、神経管の中に上下の別が出来、さらに時間とともに左右の別、そして後方部を徐々に形成してゆく別のダイナミズムと結合し、全体として完結した（前後軸、左右軸、そして背腹軸を持った）脊椎動物の体が作り出される。

ほんのわずかのシグナルがさまざまに分岐し、異なった運命を与えられたさまざまな細胞が特定の場所を占めるようになる。単に多くの細胞が寄り集まっただけでなく、ちゃんとしたパターンに細胞群が「オーガナイズ」され、それによって体の解剖学的構築が出来あがるわけだ。

つまるところ、オルガナイザーG1があるからといって、ゴジラは発生期にオーガナイザーが不必要というわけではない。ゴジラが脊椎動物である以上、必ずその発生初期には両生類胚のオーガナイザーに似たものを持っていなければならない。再生と発生は互いに似てはいるが、まったく同じ現象というわけではないのだ。

ただし、再生や修復が体作りの発生プログラムと密接に連関している動物がいる。それが、扁形動物のプラナリアである。この動物は体をどのように切っても、その断片からひとつの個体が再生してしまう。「原始的な動物だからそれが可能なのだ」などと言ったら、プラナリア研究者は怒るだろう。しかも、それは間違った推論である。たとえば、プラナリアなどより遥かに原始的な系統に属するクシクラゲの仲間では、受精卵や初期胚を一部除去すると、それが作るはずのパターンを失ったまま発生してしまう。多くの動物初期胚が備えている当たり前の調節機能がこの動物には欠けているのである。発生のきわめて早い時期に、個々の細胞が自分の運命を決めてしまうのだ。クラゲでも触手を除去すると若干の再調整（円形に並んだ八本の触手のうちの一本を除去すると、残った七本の触手が位置を変えて円形に並ぶようになるなど）が生ずるだけで、失われた触手が再生することは

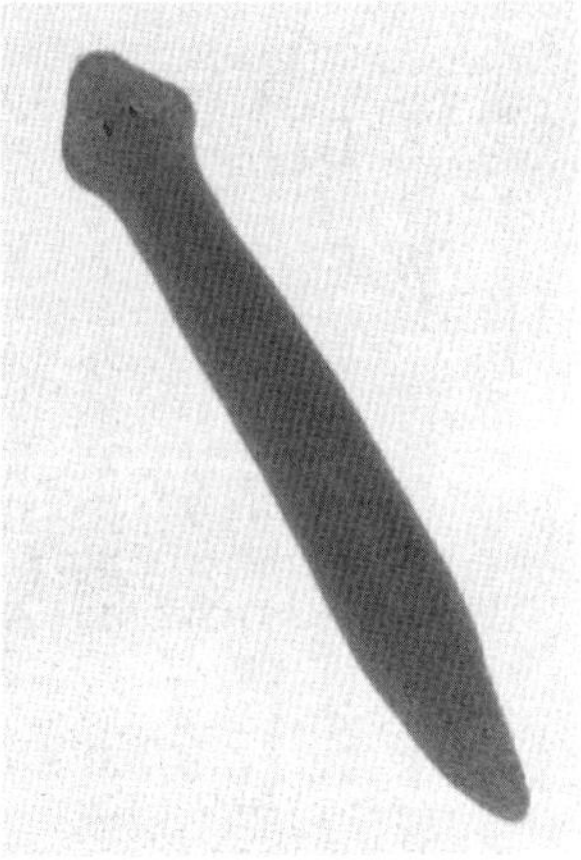

プラナリア。
提供:学習院大学　阿形清和

ない。いずれにせよ、プラナリアに何か興味深いことが起こっているのはたしかなようだ。

このプラナリア、じつは体の中に「ネオブラスト」という、一種の「幹細胞」を大量に持っており、それがいつでも再生に機能できるよう待ち構えている。したがって、このネオブラストを放射線によって不活性化すると、切り刻んだプラナリア断片はもう再生できなくなる。

加えて、再生と言ってもただ単に増殖して分化すればよいというわけではない。その細胞がどこにあり、何を作らなければならないのか、こういった体の中の「場所」に関する情報を得、それにしたがって適切に分化しなければならない。その制御に働くのが、脊椎動物の体軸形成にも似たシグナリングシステムなのである。我が国のプラナリア研究で有名な学習院大学の阿形清和教授（現・基礎生物学研究所所長）とその研究グループは、かつてプラナリアに「ノウダラケ（脳だらけ）」という遺伝子を発見したことがある。この遺伝子は、プラナリアの体の中で「どこが頭部か」を教える働きをしており、この遺伝子がなければ、プラナリアは体中に脳を作り始める。脊椎動物にもこれと似た遺伝子は存在しており、同じように発生において頭部の極性を指示する仕組みに荷担しているという。

つまりプラナリアでは、組織修復や再生の機構が体全体を作る発生の仕組みとリンクしているのだ。こういった場合においてのみ、オーガナイザーは修復機構として意味を持つ。それでも、このような仕組みは基本的に、個々の細胞のなかで働くものではなく、むしろ細胞と細胞、あるいは細胞とそれを取り巻く環境の相互作用の結果として現れてくる。おそらく、ゴジラの進化においては、発生機構とは別の形で細胞修復メカニズムが独自に進化したと考えるのが妥当なのであろう。それはゴジラにだけ存在する、未知の、新しい機能なのだ。

2. ビオランテにみる「女性」

「なるほどぉ、ゴジラの教育ママ……じゃない、教育パパか」

『怪獣島の決戦 ゴジラの息子』（一九六七年）より、真城伍郎（演・久保明）の台詞

数あるゴジラ映画の中でも一九八九年の『ゴジラVSビオランテ』は、初めて分子細胞生物学的な要素を取り入れたものとして非常に興味深い一本である。そのSF精神は確実に『シン・ゴジラ』にも受け継がれている。

『ゴジラVSビオランテ』は、当時盛んだった分子遺伝学研究の影響を色濃く受けた作品である。かつて新宿を襲ったゴジラから剝離したゴジラ細胞の国際的争奪戦が激化していた。核エネルギーを代謝する遺伝子をゴジラのゲノムから単離し、これを応用して兵器を開発しようというのである。核兵器を無効化し、世界の軍事バランスを脅かしかねないその科学競争は、副産物として新怪獣を生み出してしまった。分子生物学者、白神源壱郎博士（演・高橋幸治）の暴走により、ゴジラとヒトとバラの細胞が融合、怪獣ビオランテが生み出されたのである。再び日本にやってきたゴジラは、自らの分身とも言うべき怪獣ビオラ

ンテと芦ノ湖で死闘を繰り広げる。一方、人類はゴジラの遺伝子を組み込み、「抗核エネルギーバクテリア」の開発に成功、本来軍事兵器となるはずだったこのバクテリアは、いまやゴジラを倒せる唯一の頼みの綱になってしまった……。

このように『ゴジラVSビオランテ』は、それまでのどのゴジラ映画よりも生物学的な色彩の濃い作品となった。『シン・ゴジラ』においても生物学は多く取り入れられていたが、その基本的方針は『ゴジラVSビオランテ』によってすでに先取りされていたのである。たしかに、後者に見る生物学的イメージのいくつかは、『シン・ゴジラ』に表れてもおかしくないようなもので、結局、分子生物学と形態形成のイメージは、八〇年代の終わりからいまに至るまであまり変わってはいないことがよく分かる（無論、その間の科学的進歩は凄まじいものだったが）。

とはいえ、荒唐無稽さがあってこその怪獣映画。本物の生物学だけで怪獣映画が出来あがるのなら、それはもはや空想ではなくドキュメンタリーだ。したがって、怪獣SF映画としての『ゴジラVSビオランテ』を生物学的に考察しようものなら、徹底的に学術的に批判的になってしまうか、あるいは単に軽く触れるに留まるかのどちらかになるしかない。その中間は普通ない。ないのだが、あえてここではちょっと微妙な議論を展開してみよう。

英理加の問題

まず、白神博士がなぜ娘の英理加（えりか）の細胞を生かしておきたかったのか、そして、それをなぜバラなどと融合させる必要があったのか、それによって何を期待したのか、という一連の問題を考えたい。これはつまるところ、映画的リアリティと学術的リアリティの差異に関わると同時に、現代人の死生観や自然観にも関わる問題だ。さらにそれはまた、科学技術が人間の心の中にまで入り込めるのかという問題とも関係しており、そこには本書後半で扱うことになる心身二元論が絡んでくる。

無論、ヒト個体のクローン作製は法的に禁止されている。『ジュラシック・ワールド／炎の王国』（Jurassic World: Fallen Kingdom 二〇一八年）においても、人間の科学技術の暴走としてそれが揶揄（やゆ）されている。その一方で、なぜそれを禁止しなければならないのか、的確に解説することはさほど簡単ではない。クローン技術で得られるものが何なのか、それを過不足なく表現することが難しいのと表裏一体の問題だと言えるだろう。

純粋に仮定として、英理加ゲノムから英理加の正常な肉体が再構築できたとしたらどうか。さすがに記憶までは取り戻すことはできないだろうが、はたしてその人格は元の娘のものと同等なのか、そうはならないのか。

遺伝情報を保存しておきたいだけなのであれば、何も永遠の生命を持った植物の細胞と融合させる必要はなく、細胞やＤＮＡを冷凍保存しておけば良い（実際にいまはそれしかできない）。極端な話、将来的な技術革新を考えると、保存すべきはコンピュータ上のデータだけでいいのかもしれない。

保存が目的なのだったら焦る必要はない。英理加が事故で死んだあのとき、白神博士はいったい何を焦っていたのか。おそらく、「生きて活動している状態の英理加細胞を連続的に繋ぎたい」ということだったのだろう。つまり、単なる「情報」の保存ではなく、「生命活動」というダイナミックな状態を連続的に「生きた細胞」という形で継続したかったのだろう。ここで、心身二元論だけでは掬いきれない、生物学的「命」というさらなる記号論が登場する。これは生命の人間的認識における一種の「アウラ」だ。コピーではなく、オリジナルの生命にのみ付随した、唯一無二の「クォリティ」だ。そしてそこに「遺伝情報は日常的な意味での命と同じものか」「個々の細胞の生理学的状態の総和が人格と同等なのか」という二つの問題が関わってくる。

生命という現象のなかにある情報

細胞の生命と個体の命が同じではないことは、誰もが経験的に知っている。動物や人間が息を引き取ってもなお、その遺体のなかの多くの細胞はまだ細胞として生きている。がしかし、それでも我々はその人物が、一般的な意味において生きてはいないということを知っている。多細胞生物における個々の細胞の生理的活動は、個体としてのその生物の生死とは別のレベルにある。この視点からすると、白神博士が命の概念を不必要に拡張したことが、ビオランテを生み出したということになる。これは単なる科学技術の暴走ではなく、生物学的生命観に関する白神博士の認識論的・記号論的誤謬(ごびゅう)に端を発している。

また、コンピュータの中に保存可能な遺伝情報そのものは、それ自体として生命のクォリティを示しはしない。しかし、情報から再構成された物質としての細胞は、ちゃんと生きることができると考えられている。可能性としては、そこから多細胞生物の形が作られうることも知っている。じっさいそれが制御可能になっている世界を、映画『ブレードランナー』(Blade Runner 一九八二年)のなかに見ることができる。ならば、実現すべき生物のあらゆる側面、性質はDNAに書き込むことができるのか。たとえば、それが可能だという仮説の上で書かれたSF小説が、フレッド・ホイルとジョン・エリオットの『アンドロメダのA』[1]だ。それはどういう話かというと……。

ある日、どこか遠い彼方の星からDNAの塩基配列を思わせる膨大なデジタルデータが地球に送信されてくる。科学者がそれをある種の遺伝学的メッセージだと理解し、人工細胞にそれを組み込み発生させたところ、とんでもない生物が出来上がり、それがとんでもないことを始めたといった、一種の地球侵略SFなのだが、なによりこれが本物の科学者によって書かれたというところが興味深い。

ホイルは、地球の生命が自然選択説的なプロセスによって分岐、特殊化を繰り返し、いま見るように進化したことは認めている(自然選択説は、イギリスの博物学者、チャールズ・ダーウィンとアルフレッド・ラッセル・ウォレスにより一八五八年に発表された進化学説)。しかしそれでも、生命そのもののオリジンを説明することはできないと彼は考えた[2]。いまでは、自己複製分子の出現が生命誕生の第一歩だと、多くの学者が考えている(詳細は、ジョン・メイナード＝スミス&エオルシュ・サトマーリ著『進化する階層』[3]を参照)。

たしかに、ここはまさにダーウィン本人も悩んでいたところで、自身の進化学説のなかから、どうしても「神」を排除しきれなかった部分もそこにあった。ホイルは「生命の源としてのDNAは地球外にあり、それは彗星にのってやってきた」という説をかつて提唱したことがある。一方、小説『アンドロメダのＡ』は、生命の起源を考える学説というよりも、生命現象としての「情報の伝播（でんぱ）」がどのような意味を持ちうるか、生命にとって生殖とは何であり、その時伝えられる情報の性質とはどういうものかという本質的な問いを突きつけている。つまり、単なる情報がいかにして生命現象というクォリティとして立ち上がるかという根源的プロセスを問うものとして、生命の起源と生殖は同質の謎を孕んでいる。そしてＳＦもまた、そこに切り込みを入れることが多く、そこが興味深いのである。

そのうえであらためて、生命の情報（つまりはＤＮＡ）のなかに「人格」も含まれるのかというと、残念ながらそんなことはない。それはちょうど、レコードの溝を丹念にルーペで観察しても、そのなかに感動に相当する要素が抽出できないのと同じだ。人格は、むしろ外界との相互作用において神経細胞のネットワークの中から紡ぎ出されてくる。そこには遺伝子プログラム以外の要因が多く影響し、たとえ脳が遺伝子情報の結果として出来てくるものであっても、ゲノム情報の中に人格に相当するものがそのままの形で記されているわけでは決してない。人格はしたがって、それ自体きわめて後成的な現象なのだ。脳の機能が発生過程と経験を通じて成立するのと同様、感動は聴く者と楽音との間の相互作用として、ニューロンのネットワークの中にリアルタイムに生ずる。さらに、自我や個人のアイデンティティは個々の神経細胞の活動に還元できないとする立場もある。

たとえビオランテの細胞中に英理加のDNAがそっくり入っているとしても、ビオランテが植物の姿をしている限り、それは決して「助けて」とも、「ありがとう」とも言うことはない。つまるところ、「英理加を助けたい」という気持ちが白神博士の禁断の実験に繋がるためには、二つの乗り越えるべき「還元論的不可能性」、物質や分子に還元して理解できない現実がある。ひとつは、神経細胞のネットワークを操作することによって人格が構築できないということ。そしてもうひとつは、DNAを移植しただけで形態学的パターンが自動的に構築できるかという問題だ。

明治時代の人々の多くは、「写真に撮られると魂が吸い取られる」と考えた。人間の人格や精神に相当するものが、いったい肉体の中でどのように現象しているのか、科学的に解明できない現象には、文化的、時代的認識が深く関わる。生物学的には、「自我」が成立する背景となる実体、すなわち人の姿をした器官系の発生についての考察なしに、DNAから一挙に魂に言及などしてはならないのである（第四章で後述）。

一方で、物語の流れとしてはむしろ、最終的に英理加を象徴する何らかの「記号」がゴジラと戦う必要があったように思えてならない。「まさか」と思われるかもしれないが、私にはどうもそうとしか思えない。しかもそれが、『ゴジラvsビオランテ』の大きな魅力となっている。以下にその点について、科学から少し距離を置いて考察してみよう。

凄惨にして美しい戦い

英理加の姿は怪獣ビオランテのどこにも現れてはいない。肉体の一部にでもそれが現れたら、それはあの『遊星からの物体X』(The Thing 一九八二年)を思わせるような、かなりグロテスクなものとなったことだろう。してみれば、芦ノ湖に初めて姿を現したビオランテの「花」は、象徴的に英理加を表現するためのもので、それに科学的必然性を与えるために、(ストーリー構成上)白神博士がまず英理加細胞を植物と融合させる必然があったのではなかろうか。

芦ノ湖での戦いにおいて、白神博士は「同じ細胞で、一方は動物、一方は植物」と言うが、この台詞がかなり不正確なものであることは誰でも分かる。厳密には、両者は同じ細胞で出来ていない。ビオランテの細胞は、ゴジラ細胞よりかなり多くのDNAを含んでいる。むしろ、この白神博士の台詞は「ほらご覧。バラと合体した英理加の女性イメージと、男性的暴力性の権化のようなゴジラが、途轍(とてつ)もなく巨大なサイズで目の前で戦っている。

素晴らしいじゃないか」というように聞こえる。

怪獣映画としてみた場合、自分の愛する異性やその分身、たとえば、恋人や一人娘が恐るべき怪獣と戦っているという図には、何か妙に惹かれるものがある。凄惨なのだが、それでいてどこか美しい。なぜか。梶原一騎原作の劇画『愛と誠』[*4]を持ち出すまでもなく、「性愛」と「戦い」が本質的に同じものだからだ。

あまり関係ない話かもしれないが、シロワニ *Carcharias taurus* と呼ばれる大型のサメは交尾する際、オスがメスに激しく噛みつき大量出血させる（サメ、エイの仲間を始め、交尾する魚類は多い）。それはまるで殺し合いのように見えるらしい。洗練されたデザインのウルトラマンが、グロテスクな怪獣と戦うという視覚的コントラストにも、多少これと通じるものがある。

ゴジラの花嫁？

じっさい、『ゴジラvsビオランテ』はある意味、ついぞ映画化実現に至らなかったというシナリオ『ゴジラの花嫁？　シナリオ第三稿』（海上日出男（うながみ）著　一九五五年）のイメージが垣間見える。[*5] ちなみに、このタイトルに付いている「？」は、もともとその脚本のタイトルの一部である。

一方で東宝怪獣映画には、つねにフランケンシュタインのイメージも付きまとっている。『フランケンシュタイン対地底怪獣（バラゴン）』（一九六五年）から『フランケンシュタインの怪獣 サンダ対ガイラ』（一九六六年）へと至る人型怪獣の系譜（最近では、実写映画版『進撃の巨人 ATTACK ON TITAN』〈二〇一五年〉がそれか）のみならず、『ゴジラ』第一作に登場する芹沢大助博士（演・平田昭彦）の実験室は医学生、ヴィクター・フランケンシュタインの実験室と見紛うばかりであるし、社会に背を向けた科学者がしばしば登場するのも、東宝映画の興味深い特徴だ。『フランケンシュタイン』（Frankenstein 一九三一年）が登場したら、その続編は『フランケンシュタインの花嫁』（Bride of Frankenstein 一九三五年）だ。もちろん、これは「ヴィクター・フランケンシュタイン博士の花嫁」のことを意味する以上に「フランケンシュタインの怪物の花嫁」を意味している。ハマーフィルムの『吸血鬼ドラキュラ』（Dracula 一九五八年）の続編として『吸血鬼ドラキュラの花嫁』（The Brides of Dracula 一九六〇年）が製作され、『キングコング』（King Kong 一九七六年）にレディコングの登場する『キングコング2』（King Kong Lives 一九八六年）が続いたように、モンスター映画が花嫁を続編に持って来るのはよくあるパターンのひとつなのだ。いうまでもなく、

『大巨獣ガッパ』（一九六七年）とか、『空の大怪獣ラドン』（一九五六年）とか、『帰ってきたウルトラマン』（一九七一年）におけるシーゴラスとシーモンスのように、夫婦揃って登場する怪獣は多い。そこで、『ゴジラ』の次作も「ゴジラの花嫁」ということになる。じっさい、そのタイトルで執筆され、映像化されることなく終わったシナリオがこの『ゴジラの花嫁？』なのである。

女性と戦うゴジラ

『ゴジラの花嫁？』は、一九五四年にゴジラが最初に現れ、その翌年に二体目のゴジラに加えてアンギラスが登場したあとの日本を舞台にしたもので、しかもその世界においては、それら二つの事件が映画として上映されているという、実に奇妙な設定がなされている。このあたりの舞台設定が、少し「メタ的」なのである。そして、とある豪奢な邸宅に住む天才科学者、志田博士が「ゴジラ対策東京本部」における重要人物となっており、いわば彼に、一九五四年の『ゴジラ』における山根博士と芹沢博士の両方の役割が与えられている。また、その妻「里子」に生き写しのアンドロイドが一体（脚本では、「人工人間の里子」と呼ばれる）、そして、やはり里子の顔をした巨大な頭部だけのアンドロイド「イヴ」

も登場する。ちなみに私はこのアンドロイドを思うたび、諸星大二郎氏の漫画『栞と紙魚子』シリーズ[*6]に登場する、「段先生の奥さん」を連想してしまう。というわけで、自分の妻と瓜二つの巨大な顔が、妻と同じ声で一日中喋りまくるわけだ。申し訳ないが、私にはこの博士の趣味と心情がまったく理解できない。

　これらロボットは電子回路によって思考し、真空管に似た素子を常時フル回転しているため、人間と同等か、あるいはそれ以上の知能レベルにあるという設定である。だから、頭脳の一部しか用いていない人間を、イヴは軽蔑さえする。しかもイヴは「ゴジラ」という呼称に取り憑かれており、その名前を聞くだけで「教へて〳〵、ゴジラ、ゴジラぁ！」と叫びだしてしまうほど。どうやらこのアンドロイドは、生まれたときからゴジラとの関係を運命づけられているようなのだ。無論、それは博士による洗脳、ならぬプログラミングの故なのであろう。

　物語のクライマックスにおいて、その巨大な頭部はようやく胴体部分と接合され、巨大な裸像のロボット「イヴ」となる。強いて言えば、アニメの『マジンガーZ』（一九七二年）に登場した女性型ロボット「アフロダイA」か、さもなければ『グレートマジンガー』（一九七四年）における「ビューナスA」がこれに近いか。そしてついに彼女は、憧れのゴジラとの邂逅(かいこう)を果たす。

手始めにアンギラスのアゴを引き裂いて絶命させ（！）、ゴジラにも体当たりして行くその全裸の女性型巨大ロボットは、ついにはゴジラの頸(くび)に手を回し、熱い接吻を浴びせかけ、懐柔して遠洋の無人島へと誘い出す。ということは、ゴジラとの死闘と見えたものは、じつは交接に至るための儀式だったのか。おそらくこの時点ですでに映画化不可能だろうが、とにかくそこで、ゴジラと花嫁の夢の「結婚式」が執り行われることになる。が、それはすなわち、ロボットに内蔵された核爆弾のスイッチ、つまりロボットにしてみれば自爆ボタンを押すことに他ならず、見事ゴジラは「イヴ」共々海の藻屑(もくず)と消えることになるのであった。

当時は、「怪獣としての女性」、もしくは「ロボットとしての女性」が、男性的ゴジラの隣に置かれるべきものとして考えられていたようだ。「フランケンシュタインの怪物」にも花嫁が用意されていたように、モンスターのアイデンティティが、セクシュアリティと切り離しては考えられないことを思い出させる。誰もがゴジラの性別にはこだわりを持つ。だからこそ、『ゴジラの息子』が公開されたとき、ゴジラが父親なのか、母親なのか、誰もが疑問に思ったのだ。映画本編中の久保明の台詞は、父親としてのゴジラを認めるものではあったが（56頁に台詞引用）。

かくして一連のゴジラ関連作品（未発表シナリオも含め）を通じて明らかになるのは、しばしば言われがちな「戦争犠牲者としてのゴジラ」、「戦争の英霊の総体としてのゴジラ」という見方とはまた異なった、「暴力的父性」、もしくは「野蛮な男性」としてのゴジラの性格なのである（が、『うちのアンギラス』〈作詩・佐伯孝夫　歌・青木はるみ、野澤一馬〉にみるように、アンギラスを「亭主」になぞらえた歌も当時は存在していた）。製作に至らなかった問題作『ゴジラの花嫁？』は、さまざまに姿を変えて『ゴジラの逆襲』以降の作品に影響を及ぼし、ゴジラと戦う「女性」性を定着させたのではなかろうか。その例としておそらく、『メカゴジラの逆襲』において、真船信三博士（演・平田昭彦）の一人娘「桂（かつら）（演・藍とも子）」から作り出された女性型サイボーグの存在もそこに含められよう（注）。加えて、『ゴジラ×メカゴジラ』（二〇〇二年）に登場する「メカゴジラ」こと「三式機龍」を操縦した家城茜（やしろあかね）（演・釈由美子）、『ゴジラVSキングギドラ』（一九九一年）にて「メカキングギドラ」を操縦したエミー・カノー（演・中川安奈）も、ゴジラと戦うため、巨大ロボットに女性の魂を吹き込む役割を果たした。一体なぜ、ゴジラと「直に」戦うのはいつも女性なのか？　女性でなければならないのか？

注：『メカゴジラの逆襲』では、サイボーグ桂の整備の際、その人工の乳房が露わになるシーンがある。ここに、『ゴジラの花嫁？』に本来込められていたエンディングイメージの一端が垣間見えると言えば、それは穿ち（うが）すぎた見方だろうか。が、筆者には、どうもそう思えてならない。メカゴジラの制御装置を内蔵したこのサイボーグ桂の運命は、「イヴ」の最期のイメージ、そして『ゴジラvsビオランテ』における英理加の運命を連想させる。

女性的な怪獣にゴジラは勝てない

ゴジラにはつねに「女性と戦い、女性に負ける伝統」が付随している。思えば、これまでゴジラと戦って、まともにゴジラを倒すことのできた怪獣はモスラしかいない。この「Ｍｏｔｈｒａ」なる名称の中に、「Ｍｏｔｈｅｒ」の本質を見出す向きは多い。モスラは、その存在自体が基本的に「女性」であり、かつまた「母」なのだ。そして、数あるゴジラ関連作品の中でも、そのことを最もストレートに表現したものが、川崎ゆきおによるマンガ『愛のゴジーラ』ということになる。*7 興味のある向きは、是非一読されたい。

一方で、同様の女性的イメージを持つように見える「ラドン」は、最初から「番い（つが）」として登場したため、宿命的に「ラドン＝女性」にはなり得ない。母親だけが出てくるのが「モスラ」なのである（のちに、新シリーズでは元気の良い「男の子モスラ」が登場することになったが）。しかもモスラには、モスラの存在が人格化したかのような小美人がつねに付き従う。彼女らはいわば、荒ぶる神「素戔嗚尊（スサノオノミコト）」に対するところの「櫛名田比売（クシナダヒメ）」でもあり、その「ヒメ」の力をもってしか、ゴジラの男性的力を封じ込めることはできないという発想をここに見ることができる。逆に言えば、ゴジラのような怪獣は、決して別の男性的怪獣（たとえば、キングコング）にやられるわけにはゆかない。男性的な怪獣同士が戦って得るものは何もない。それは徒（いたず）らに虚しいだけだ。が、モスラにだけは負ける価値が十分にある。ゴジラが紛れもなく「男の子」だからだ。

『ゴジラの花嫁？』におけるイヴのコンセプトは、フランケンシュタインの花嫁とクシナダヒメに起原をもち、プロットとしては、やはり実現することのなかった『ゴジラの復活第2稿（プロット）』（中西隆三著　執筆年不明）における「人工メスゴジラ」に姿を変えた。[*5]もちろん、それは「メカゴジラ」の発明に結びついていっただろう。そしてそれはさらに「モスラ」から「メカゴジラを操る桂」へ、そして「ビオランテの中の潜在的女性としての英理加」に行き着いたように私には見える。以降、『ゴジラvsビオランテ』から六作品に登場する超能力少女・三枝未希（演・小高恵美）が何かとゴジラにちょっかいをかけ続けることになるが、どれも片思いにしかなっていなかったのが残念だ。やはり恋愛は、あの巨大アンドロイド、イヴや『ゴジラ×メガギラス G消滅作戦』（二〇〇〇年）における辻森桐子（演・田中美里）のように、体ごとドォーンとぶつかっていかなきゃいけない。

いわばビオランテは、女性怪獣の系譜に連なる存在なのだ。かくして、作品としての『ゴジラvsビオランテ』もまた、『ゴジラの花嫁？』の申し子であったと私は考えるのである。

3. ゴジラの（本来の）棲息環境

「恐らく、海底の洞窟にでも潜んでいて、彼らだけの生存を全うして、今日まで生きながらえておった……」

『ゴジラ』（一九五四年）より、山根博士の報告

「それは訳りませんが、地球を掘り下げて行けば、必ず、原始動植物の棲息に適した空洞が在ることを信じます」

海上日出男　原作・脚本『ゴジラの花嫁？　シナリオ第三稿』より、志田善二博士の台詞

もともとゴジラはどこに棲(す)んでいたのか。それがゴジラの出自と存在に関する興味深い問題を提示しているように思えてならない。しかもそれは「地球空洞説」、ならびにそれに基づいて書かれた一連のSF作品とも関係が深い。などと書くと、意外と思われるかもしれないが。

順を追ってみてゆこう。たとえば、一九五四年に封切られた第一作の『ゴジラ』においては、山根博士がゴジラについて「おそらく海底の洞窟にでも潜んでいて……」と説明し

ていた。その環境はジュラ紀の特色を示す「ビフロカタス層」の砂礫を含む赤粘土からなり、特定の深度に見出される地層に洞窟が穿たれていると、層序を示す模式図とともに説明されていたのである。が、ここで筆者はいつも何か腑に落ちないものを感じていた。あるいは、窮屈で息が詰まりそうになるのであった。

なぜと言って、第一にジュラ紀の地層に穿たれた現代の洞窟にいるような動物は、ジュラ紀の動物ではなく現生の動物だろう。いや、それはむしろジュラ紀の環境に付随してその動物、つまりゴジラがずっと暮らし続けてきたということなのか。第二に、あのように巨大な体軀の生物が何頭も暮らしてゆけるような都合のよい巨大洞窟が日本列島のそばにあると言われても、にわかに信じる気になれない。地底怪獣のゴメスなら、狭い洞窟の中を縦横無尽に掘り進んでいけるだろうが、ゴジラにはそれは辛いだろう。洞窟はいかんよ、洞窟は……。

じっさい現生哺乳類のなかでもカモノハシのような水陸両生の動物は、水中に出入り口があり、そこから空気に満たされた空間に連なるような巣を作ることがある。山根博士の説明はまるで、そのようなゴジラの巣が日本海溝のどこかにあるかのような言い方だったが、それがいくら大きくなったところで、種として存続できるほどの個体数のゴジラが棲息するとなると、とてもそんな規模のものは簡単にできない。普通だったらそう考えるのが当然だ。

いくら大きく作っても、「巣」は所詮「巣」にすぎない。そもそも、そのような空気で満たされた構造の巣は、水圧の高い深海に作るわけにもゆかない。加えて、続編の『ゴジラの逆襲』では、アンキロサウルス（それがそのまま怪獣のアンギラスということになる）までがゴジラと一緒に飛び出してきた。この恐竜は草食性だから、さすがに海底の洞窟というわけにはいかない。そこには、ゴジラとアンギラスがともに暮らせるような、内容的に地上に匹敵する大規模な生態系がなければならないはずなのだ。ならば、ゴジラたちは一体、どこからやってきたのか。「それが地底世界なのだ」というのがこの項のテーマだ。

地球空洞説と地底世界

「地球空洞説」というのは、文字通り地球の内部に広大な空間が広がっているという一連の学説、もしくはいまとなっては「妄想」を指し、そこへ至る「大孔」が極地に口を開けていると説明されることが多かった。「なぜ極地か」と言えば、昔はあまりよく理解されていない場所だったので、大きな孔があっても中々人が気付かないというのである。無論これは、一九世紀的な発想だ。しかもそれはタダの穴ではなく、やたらと大きな穴なので、探検隊が北極点や南極点を目指して歩いていると、気が付かないうちに空洞内部に迷い込んでしまうのだという。この「地底世界」はフィクション作家にとって非常に魅力的な設定であったらしく、それは明らかにSF小説史にあってひとつの系譜をなしている。

なかでも最も有名なのは、おそらくジュール・ヴェルヌの『地底旅行』（映画化は一九五九年のアメリカ映画『地底探検（Journey to the Center of the Earth）』）だろう。続いて、アメリカの作家、エドガー・ライス・バロウズ（あの、『ターザン』シリーズを著した作家）が『地底世界ペルシダー』を創造した[8]。これは『地底王国』（At the Earth's Core　一九七六年）として映画化され、キャロライン・マンローやピーター・カッシングも出演。日本では奥泉光が、ヴェルヌの『地底旅行』の続編として、そのものずばりの『新・地底旅行』[9]を発表し、それ以前には、蘭郁二郎（らんいくじろう）も（恐竜こそ登場しないが）『地底大陸』[10]を書き、久生十蘭（ひさおじゅうらん）も『地底獣国』[11]という冒険SFを書いていた。それをさらにヒントにしたのが、芦辺拓の『地底獣国（ロスト・ワールド）の殺人』[12]である。厳密に地底ではないが、「洞窟を通って恐竜の棲む世界に至る」という点では、アーサー・コナン・ドイルの『失われた世界』[13]（一九一二年『ロスト・ワールド〈The Lost World〉』として一九二五年にアメリカで無声映画化。特撮はウィリス・オブライエン）もここに含めていいのかもしれない。これがさらに形を変えた映画が、同じオブライエンの特撮による『キング・コング』（King Kong　一九三三年）であり、それが約三〇年後の一九六二年、『キングコング対ゴジラ』にて海を渡って極東のゴジラと相見えることになる。してみると、地底世界はSFのイマジネーションにおける、まさに「モンスター・ワールドの起原」と呼んでさしつかえない。

いまではネットでその詳細を知ることができるが、かなり昔から多くの学者がこの「地球空洞説」を唱えていたようだ。しかし、仮にそのような空間があったとしても、重力の働き方からすると、その「凹面の地表」、つまり、地球の内側に人間が立つことはできないという。であるから、ペルシダーを目指したターザンのように、歩いて地底世界に辿り着くのは不可能ということになる。無論、現在認められているプレートテクトニクスや、それに基づくマントル対流による大陸移動、加えてその結果としての地震や火山活動も、この「地球内の空間」という地球物理モデルとはまったく相容れない。

さらに、大型の恐竜をはじめとする動物群を擁するためには、彼らを支える植物や土壌細菌の豊富な大地が必要で、気温の維持や光合成のためには太陽に匹敵する光源がなくてはならない。地球内部に穿たれた空洞の、さらにその中央にそのような光源が浮かんで何億年も輝き続けるというのはいかにも無理な話だ。非常に残念だけれども、科学的に不可能なことなら仕方がない。したがって、このような話はほんらい、純然たるフィクションとして、いつになく広い心でもって臨むべきなのである。

地球空洞説。極地にある大孔で内部の空洞につながる。
写真：TopFoto/アフロ

ちなみに、この地球空洞説の亜流と言うべき考えが、アメリカ人医師が言い出した「凹面地球モデル」というもので、これは我々の暮らすこの地表が「無限に続く岩盤のなかに穿たれたひとつの空所（くうしょ）に過ぎない」という、実に突飛な考えだ。「宇宙に浮かぶ玉」としての地球ではなく、空所を伴う「瑪瑙（めのう）」のような、「岩の中の穴」としての地球なのだ。学説というよりこれは、一種の「発想の転換」とも言えるかもしれない。この考えに取り憑かれたヒトラーが第二次世界大戦中、敵の軍艦を探そうと、虚空に望遠鏡を向けさせていた（凹面地球モデルを前提にすれば、離れた敵は水平線の向こうではなく、頭上に位置することになる）という話を聞くことがあるが、それが真実かどうか定かではない。

地下洞窟とゴジラ

話をゴジラに戻すと、山根博士の説明が「腑に落ちた」と感じられたのもまた、『ゴジラの花嫁？』を読んだときだった。それによると、ゴジラはもともと地底に穿たれた巨大な空洞世界、「もうひとつの地球」とでも言うべき地下世界に住んでいるという。つまりゴジラもまた、当初は地底世界ＳＦの流れに連なる話だったわけだ。それはまるでヴェルヌが思い描いた巨大な空洞のようなものらしい。広々とした空間が地球内部にあり、人知れず中生代の動物がいまでも生き残り、そこを闊歩（かっぽ）するゴジラもまたそのひとつに過ぎなかったというのである。一九六〇年以前における、古生物の延長としての怪獣のイメージがここに浮かび上がる。

この「地下の巨大洞窟の中のゴジラ」というプロットは、『ゴジラの花嫁？』の改訂版、中西隆三氏による『ゴジラの復活』に際し、プロデューサーの田中友幸氏が提示した「大渦によって巨大な地下空間に船が呑み込まれてゆく」というアイデアとして生き残ることになった。同様のシーンは、そののちも『KING of MONSTERS ゴジラの復活　検討稿』（神宮寺八郎原案、村尾昭、中西隆三脚本　一九七七年）にも加えられていたらしい。

結局、これらの設定は映画として実現することはなかった。が、それは大きく形を変えて、『緯度0大作戦』（一九六九年）の実現になった可能性はあるかもしれない。この一風変わったSF映画は、ヴェルヌの原作を映画化した『海底二万哩（マイル）』（20000 Leagues Under the Sea　一九五四年）に登場する潜水艦ノーチラス号のネモ艦長を思わせる、ある天才科学者の驚異的なテクノロジーによって作られた「未来海底都市」と、驚異の「空飛ぶスーパー潜水艦」の物語だ。『海底二万哩』との類似性は明らかで、ここにもヴェルヌ的な古典SF世界観との連続性を見て取ることができる。

正統派（？）の「地球空洞説」によれば、地表に通ずる出入り口は北極にあることになっているのだから、『キングコング対ゴジラ』に登場したゴジラ（あるいはゴジラを閉じ込めた氷山のかけら）は、ひょっとしたらその北極の穴から現れたものかもしれない。『空の大怪獣ラドン』で阿蘇山に現れたラドンとメガヌロンも、もともと地底世界にあった洞窟が地殻変動によって地表と繋がりを持ったことによって出現した可能性がある。しかし、最初の二作品に登場した二頭のゴジラとアンギラスに関しては、水爆実験によって直接穿たれた孔を通り、深海経由でやってきたものだろう。そう考えればいちおう辻褄は合う。

夢の地底獣国

地底世界に行くなら、平坦な道を歩いて行くのではなく、『地底旅行』の登場人物、リーデンブロック教授やアクセルやハンスのしたようにそれらしく孔の中を降りて行くか、さもなければ、デヴィッド・イネス一行のようにドリルの付いたマシン（『サンダーバード』における「ジェットモグラ」や、『ウルトラマン』に登場する科学特捜隊の「ベルシダー」のような）に乗り込んで行きたいと思う。「暗いトンネルを抜けると、そこは地底獣国だった」というのが私の理想なのだ。ちなみに、新神戸トンネルを抜けると、さっきまで山の中にいたはずが、いきなり都会の真ん中に出てくるという不思議な感覚を覚える。こういった体験も同じ快感を伴っている。

いつかどこかで解説しようと思っているが、SF探検モノには「底なし沼」と「洞窟」が必須だと私は思っている。何やら閉所恐怖症の逆の「胎内回帰願望」に似た嗜好でもあるのだろうか、地下世界をウロウロする話が好きなのだ。同じ理由で『空の大怪獣ラドン』

の前半や、『インディ・ジョーンズ／魔宮の伝説』（Indiana Jones and the Temple of Doom　一九八四年）の後半、あの、トロッコに乗って坑道を走り回るところが非常に気に入っている。ついでに、江戸川乱歩の『屋根裏の散歩者』において、主人公の郷田三郎が、押し入れに布団を敷いて寝る楽しみを発見するシーンがあるが、あの場面にも激しく共感を覚える。子供の頃、筆者も同じことをやって楽しんでいた覚えがある。であるから、当然のように私はヴェルヌの『地底旅行』にはハマっていた。

あれは、小学校三年生の頃だった。仲のよかった友人のお母さんが、どういうわけか豊中市岡町の商店街にある小さな本屋で私に買ってくれたのだ。たぶん、それ以前に私の母親がその友人に何かをあげ、「そのお返しに」という意味があったのかもしれない。とにかく私はその時、二冊の本を買って貰い、そのうちの一冊が『地底旅行』のジュブナイル版だったというわけなのである。もう一冊は小隅黎著『超人間プラスX』[*14]で、両方とも幾度となく読み返した。週末の晩に夜更かしする癖が付いたのは、まさしくこの二冊が原因だった。

とりわけ、『地底旅行』が気に入ってしまい、ベッドの中で地底世界を旅しているような気分に浸りながら読んだものだったが、大人になってから読んだ岩波文庫版でも同じ感激を味わうことができたぐらいだから、そのジュブナイル版はかなり出来の良いものだったといってよいのであろう。そののち、小学校六年生になって出会ったのが『地底世界ペルシダー』の、これまたジュブナイル版で、たしかそれは学習研究社の雑誌の付録だったと思う。『地底旅行』とは異なったエンターテインメント指向の作風にワクワクしたものだ。これについては、大人向けの完訳版がハヤカワ文庫と創元推理文庫の両方から出ていたが、高校に入ってからハヤカワ版で全七巻を揃え、短期間ですべて読み切ってしまった覚えがある。

そういったワクワクどきどきの地底世界が、ゴジラの棲む世界と繋がっているというのは大変興味深い発想だ。こんな面白い話、私はとても放っておくことができない。先にあげた諸作品が、なぜ地底世界に太古の恐竜が生き残っていると考えたのか定かではないが、多くの小説家が「地底世界に行けば、そこには恐竜を始め、地上では絶滅した古生物が生き残っている」と、まるで判で押したように想像しているのである。おそらくそれは、秘境小説にみられるひとつの傾向なのだろう。

『ゴジラの花嫁?』もまた地底世界SFの例に漏れない。地下の空洞から這(は)い出してきた太古の巨大生物がすなわち、ゴジラやアンギラスや巨大カメレオンや始祖鳥だったのである。ただし、調子に乗って「人魚」まで現れるところは、さすがにちょっといただけない。地底世界の住人は実際の古生物であって欲しい。始祖鳥に至っては、戦闘機に襲いかかり、コックピットから操縦者を引っ張り出して喰ってしまうのだから恐い。まるで、アメリカ映画の『巨大な爪（後に改題されて『人類危機一髪！ 巨大怪鳥の爪』）』（The Giant Claw 一九五七年）さながらだ。バロウズの『地底世界ペルシダー』では、翼竜から進化した「マハール族」という、人間を奴隷にして若い女を常食にする、恐しくもヤバイ知的生物が登場するが、それにも似た印象があるといえばある。

「ロスト・ワールド」のゴジラ

ゴジラがもともと地底世界の住人であったとしたら、それはゴジラの胎内回帰願望を示すということなのだろうか。そうかもしれない。先にも述べたように、ゴジラは母なる存在にめっぽう弱い。先にも指摘したが、『ゴジラの逆襲』と『キングコング対ゴジラ』の間の七年間、古生物としてのゴジラが、それなりの太古の棲息環境に属し、このロスト・ワールドの住人として、アンギラスや、おそらくはラドンなどとともに現代世界に侵犯してくるという世界観がまだ生きていた。実現することのなかった企画『ゴジラの花嫁？』

は、そんなゴジラの知られざる一面、「映画にならなかったが、あり得たかもしれない可能性」も教えてくれる。

まず、ゴジラは人知れず保存された、地底の中生代環境という生態系に属する存在であった。ゴジラの足跡から発見される三葉虫も、棲息年代に食い違いはあるとはいえ同じロスト・ワールドの生態系を構成し、二頭目のゴジラがすぐに現れるという設定もまた、ゴジラが個体ではなく、あくまで「種」として、個体群として存在していることを物語っている。こういったことが、古生物としての怪獣の生態系を予感させ、地球空洞説だけがそれを整合的に説明しうるというわけなのである。これが平成ゴジラであったら、二頭目のゴジラが現れること自体に抵抗感を覚えるだろう。最初にメカゴジラが現れたときのように、あるいは『ゴジラvsデストロイア』(一九九五年)における対デストロイア戦で示唆されたように、「地上においてゴジラは一頭しか存在できないのではないか」とさえ思わせる。こうして、物語は果てしなく生物学から遠ざかってゆく。

どうやら初期二作のゴジラは、ヴェルヌとドイルの感性を足した世界観から生まれてきている。たしかに、二代目ゴジラに遭遇し、しかもそれが別の怪獣アンギラスと戦っているところが目撃された場面は、南海の孤島でゴジラの息子が生まれることとは全く異なった印象をもたらすものだ。ゴジラシリーズ最初の二作はかくして、ドイルや、日本の香山滋の小説に始まる古生物学SFの系譜に連なり、とりわけ『ゴジラの逆襲』は、「和製ロスト・ワールド」と呼んで一向に構わない。言い換えるなら、一九六〇年以前の怪獣は、地球の生態系の中にちゃんと位置を占め、あたかも我々が住む地表に対する一種の「パラレルワールド」としての地底世界にその出自を持ち得たのだ。もうひとつの知られざる世界からの現実文明社会への侵犯が、「怪獣」という存在に託されていたのである。

とすれば、「ゴジラが海から現れる」という、あのおなじみのシークエンスの起原は、映画『ロスト・ワールド』においてブロントザウルスがやってくるシーン、いや、原作小説の『失われた世界』のエンディングにおいて、チャレンジャー教授の運んできた箱の中から翼竜プテロダクティルスが飛び出してくる場面にこそあったということになるのかもしれない。そのままの方針で以降の続編映画が作られていたら、一体ゴジラ世界はいま頃どのようなことになっていただろうか。

本来の故郷を失った怪獣たち

『キングコング対ゴジラ』以来、ゴジラをはじめとする映画の中の怪獣たちは、地球上の例外的存在として、仲間はずれとして、恥ずかしそうに棲息するようになってしまった。ちゃんとした棲息環境と、種として存在するだけの個体数をもたないからだ。たとえば、『メカゴジラの逆襲』に登場したチタノザウルスは、正体不明とはいえ、ラドン以来久々の古生物だった。が、それは深海に細々と生き残っていた恐竜であると説明された。『ゴジラ・エビラ・モスラ 南海の大決闘』（一九六六年）、『怪獣島の決戦 ゴジラの息子』で南海の島々でゴジラが戦うエビラ、カマキラス、クモンガなどはもはや古生物ではなく、現生の生物が何かの弾みで巨大化したものでしかない。それは、『ゲゾラ・ガニメ・カメーバ 決戦！ 南海の大怪獣』（一九七〇年）の三頭に関しても同様である。彼らは、宇宙生物に取り憑かれることによって、二次的に巨大化した普通の動物、カミナリイカ、カルイシガニ、そしてマタマタガメに過ぎない。そして、一九八四年に「復帰」したゴジラが連れてきたのは三葉虫ではなく、巨大化した吸血フナムシのショッキラスであった。

平成のゴジラは、現代の地表に棲みついた奇妙な動物のひとつになってしまい、それは『シン・ゴジラ』に至るまで変わることはなく、敵怪獣にしても、ラドン、メガギラス（メガヌロンの親であるところのメガニューラのコロニーにおける巨大な女王）を例外とすれば、唯一デストロイアだけが古生代から生き続けてきた微小生物の変異体という設定になっていた。

が、あれを古生物と呼ぶのはさすがに気が引ける。かくして、怪獣たちは「ロスト・ワールド」、すなわち「現代に残された太古の地球」という、本来の故郷を失ってしまったのである。それは、地球空洞説とともに、古生物としての怪獣たちの住処が消えてしまったからだと、筆者は考える。

付記：喜ばしいことに、二〇一九年公開の『ゴジラ キング・オブ・モンスターズ（Godzilla: King of the Monsters）』では、ゴジラに本来付随していたはずの地球空洞説が見事に復活し、筆者はいたく感心してしまった。これはある意味、ゴジラ映画の原点回帰と言える。よほど怪獣映画と古典SF小説に通底する地下水脈を心得ていないとできない発想なのである。

4. キングギドラの形態学 ——複雑怪奇なボディプラン——

キングギドラについては考察が難しい。それは、頭部や翼などの個別的形態に加え、やはり頸(くび)が三つあり、尻尾が二股になっているという状態のためである。進化形態学、比較形態学的に分析困難ということは、発生学的にも説明が付かないということである。

しかも、キングギドラの出自は映画によって二転三転する。最初の登場となる『三大怪獣 地球最大の決戦』(一九六四年)と、続く『怪獣大戦争』(一九六五年)においては、「キングギドラは宇宙怪獣である」と説明された。自己申告とはいえ、他ならぬ金星人の言うことだから、おそらく信じても良いのだろう。しかし、他の作品では、遺伝子操作によって生まれた愛玩動物三個体分の合成であるとか、あるいは太古から生き続けてきた神話的存在であるなど色々言われているので、おそらくキングギドラの形象だけが一人歩きし、その状態で文化のなかに固定するに至ったとみて良いのであろう。

鱗と頸

とりあえず、形態学的にキングギドラを見てゆこう。全身鱗(うろこ)に覆われているのは、有鱗(ゆうりん)

キングギドラとゴジラ。　『三大怪獣地球最大の決戦』©TOHO CO., LTD.

類（ヘビ、トカゲの仲間）の特徴であるように見える。ちなみに、キングギドラのそれも含め、爬虫類の鱗はいわゆる角質形成物と言って、我々の髪の毛や爪に近い構造で、外骨格性の魚類の鱗とは別物である。

一方、頭部の形状は東洋の龍か、日本神話の八岐大蛇に似、この時点ですでにキメラ（複数の動物の部品が合わさってできた伝説上の怪物）的な相貌が明らかである。したがって、それがどのグループに属するにせよ、並行進化を多く仮定せねば理解できない。しかもここには、毛衣や鹿のものを思わせる枝角など、哺乳類的特徴も含まれている。さらに、それぞれの頸の腹面には、明らかにその他の部分とは異なった、ヘビ類に特有の幅の広い「腹板」が

コブラ幼若個体の剥製。腹側にある横に長い鱗が、ヘビに特徴的な腹板。

並び、ヘビ的な派生形質も現れているが（トカゲ類の腹部の鱗は、このように広がってはいない）、これは「龍」の造形に一般的に見られる形質なので、文化的には龍を経由したものだという可能性もある。別の言い方をすると、「龍」はトカゲではなく、ヘビをモチーフにしたキメラであるからこそ、その腹には腹板が付いているのである。まず、これは重要な点だ。

キングギドラではこの腹板が頸部（けいぶ）にのみ限られ、胴体には分布していない（！）。つまり、キングギドラの胴部は、決してヘビにも龍にも似てはいない。頸の部分だけがヘビ的で、胴体はトカゲ的なのだ。ということは、キングギドラは「龍の頸＋頭部」と、その他のいろいろなものが合わさってできているキメラであり、そもそも龍が「キメラ」なのであるから、さらにその部品を使って作られたキングギドラは「メタ・キメラ」ということになるのである。

キングギドラが地球上の脊椎動物と類縁性をもつ意味は？

前述の腹板に関して補足すると、『ウルトラマン』に登場したドドンゴもまた「龍」を模し、デザイナーの成田亨によりデザインされたもので、この怪獣は頸から胸（？）、そして腹にかけて腹板を持っていた。したがって、こちらの方が本来の龍の形態プランに忠実なのである。いずれにせよ、腹板は四肢を持たないヘビの運動性に適応して発達したものであるらしく、これがキングギドラに存在するということは、「ヘビを模した」というよりむしろ、文化的に「龍のイコンを経由して」移植されたものであると考えた方が良く、しかもその龍的部分は、この怪獣の胴体には及んではいない。言い換えると、体全体が龍をモチーフにしているドドンゴとは異なり、キングギドラにおける龍的部分は頸の部分に限られる。

ちなみに、キングギドラの翼は上肢としてみることができ（四肢動物の範疇で判断する限り）、宇宙怪獣であるにもかかわらず、キングギドラは意外に、地球生まれのドドンゴよりも脊椎動物のボディプラン（動物の基本的解剖学構築）に忠実であるように見える。ただ、この辺りの比較は非常に微妙なものといわねばなるまい。なにしろ、キングギドラには頸と頭が三つずつ付いているからだ。

双頭の化石爬虫類。
Buffetaut, E., Li, J., Tong, H., & Zhang, H. (2006). A two-headed reptile from the Cretaceous of China. Biology letters, 3(1), 81-82. Copyright（2006）by the Royal Society.

頭が二つになる発生異常であれば、現生の爬虫類でよく知られ、カメ、ワニ、ヘビ、トカゲのすべてについて報告がある。しかも、ヘビとカメのそれに関しては、捕獲後数年生きたという記録がある。また面白いことに、中国の中生代（白亜紀）から、水棲でしかも頸の長い双弓類と思われる動物の、双頭の胚が化石として発見されている。「ハイファロサウルス *Hyphalosaurus lingyuanensis*」もしくは、「シノハイドロサウルス *Sinohydrosaurus lingyuanensis*」の名で知られている動物のものらしい[*15]。その頸の長さのために、印象としてキングギドラに最もよく似た動物個体（化石）の例だといえるかもしれない。

個体発生過程において、頭部の中胚葉が心臓原基（心臓のもととなる細胞群）と共通の起原を有しているという考え方があり、それに従えば、頭部や頸が二分、もしくは重複するような発生異常においては、心臓も重複してしかるべきなのかもしれない。が、キングギドラに心臓が複数あったという示唆はいまのところない（キングギドラの心音については、『ゴジラVSキングギドラ』を参照せよ。多分、心臓はひとつだと思われる）。いずれにせよ、翼竜にもこういった双頭の個体が現れてもおかしくはなく、それは一層、キングギドラの姿を思わせるようなものになるかもしれない。しかし、話はそう簡単ではない。

指の骨格と翼の骨格

というのも、キングギドラの翼が、翼竜のそれにも、哺乳類であるコウモリのそれにも決して似てはいないからだ。もし、翼を支える数本の「条」が、ヒトを含めた陸上動物の「指」と起源を同じくするものであったとしたら、この翼は上腕骨と、橈骨（とうこつ）、尺骨（しゃっこつ）をまとめて欠くことになる。むしろ、キングギドラの翼は、条鰭類（じょうきるい）（いわゆるサカナ）の鰭（ひれ）によく似た形態を持っており、我々の「腕」、もしくはそれと相同の、シーラカンスのいわゆる「肉鰭（にくき）」に相当する部分がない。一方で、肉鰭にも似た肉厚の部分が、翼の前縁に相当する部位に附属している。この位置は、いわゆる魚類に多く見る「胸棘（きょうきょく）」と呼ばれる構造ができるところに相当し、同様のものは絶滅化石魚類の板皮類（ばんぴるい）や棘魚類（きょくぎょるい）、さらにはオスト

ウミテングを描いた博物画。キングギドラの翼は、この魚の胸鰭に似る。
1837年のフランス「MAGASIN UNIVERSEL」誌

ラコダーム（甲皮類）と呼ばれる顎のない化石顎口類にも存在したが、これらは我々の腕の基部や指とは関係がない（らしい——後述）。

いずれにせよ、キングギドラの翼の「条」は、真骨魚類の胸鰭における「鰭条」によく似ていると言わざるを得ない。では、はたしてこの構造は、我々の「指」と同じものなのかどうか。進化発生学の世界では最近まで、我々の指を含めた腕の骨格要素が、シーラカンスのような肉鰭魚類の胸鰭の中に原始的な状態で見つかると説明され、鰭条それ自体は指とは関係ないとされてきた。ところが、最近の遺伝子レベルの発生研究によれば、陸上動物の指とよく似た細胞群や、指を形作るのに必要な遺伝子が、真骨魚類の鰭条形成にも関わっていることが示唆され、話はそう簡単ではない。指の起原、あるいは指と鰭条の関係自体が、まだまだ十分には解明されていないのである。[*16]

キングギドラの翼が形態学的に真骨魚類の胸鰭と同等であるというのなら、やはりこの怪獣は体の各部分を見れば、たとえ全体として脊椎動物の解剖学的構築をかろうじて守っているとしても、複数の動物系統やファンタジー系の動物のイコンに由来した形を寄せ集めた一種の「キメラ」と見るより他なくなる。つくづくキングギドラは難しいのである。

その出自に関しては二転三転したが、キングギドラの形態は基本的に変わっていない。ちなみに、『ゴジラ FINAL WARS』（二〇〇四年）に登場したカイザーギドラは、三つの頸と翼こそ持つものの、脚が四本揃っており、動物学的には容認しがたい「ケンタウルス型ボディプラン」を有している（第五章で後述）。つまり、この怪獣は手足を残したまま、背中に翼を加えているのである。

通常、脊椎動物が翼を持つ際には、トリやコウモリに見るように、腕を変形させることによってこれに対処している。翼を持つなら、前脚や腕としての「前肢」を犠牲にするしかないわけだ。キングギドラもこの原則を守っているからこそ、地球怪獣と上手く調和して見えるのである。ところが、この形態進化の原則を無視したカイザーギドラは、地球怪獣よりもむしろ、天使やペガサスにより近い、つまりゴジラの世界ではなく、聖書やファンタジーの世界の住人というべきなのだ。というわけで、怪獣映画のSF性から見ると、ちょっと歓迎できないのである。

ハリウッド版キングギドラに関する形態学的考察

では次に、二〇一九年五月に公開された、現時点で最新のゴジラ映画『ゴジラ キング・オブ・モンスターズ』に登場したハリウッド版キングギドラを観察してみよう。映画館で最初にこのキングギドラを観たとき、まず連想したのは、ドラマ『ゲーム・オブ・スローンズ』(Game of Thrones 二〇一一年)に登場した「ドラゴン」であった。やはり、西洋でデザインされたキングギドラは、どうしても「龍」というよりドラゴンの姿をまとってしまう。とりわけ、角の形状にそれがよく現れている。民族文化の微妙な違いが、怪獣の形態に現れているのを見るのは非常に興味深い。では、解剖学的な特徴はどうだろうか。

最も気になるのは、なんと言っても翼の形状である。ハリウッド・キングギドラにおける翼にも何本かの「条」が備わっているが、それらが直接に肩から生え出していないことに注意しよう。つまりそれは、サカナの鰭条とは似ていない。むしろ、このキングギドラの肩から生え出しているのは、我々の上腕部に類似した力強い支柱で、さらにそれは遠方で関節をなして前腕部に連なり、その先端からいくつかの「条」が放射状に伸び出している。したがって、前腕部(橈骨と尺骨を含む)の先端はたしかに手根部(しゅこんぶ)(いわゆる手首)に相当し、そこから中手骨と指骨が伸び出していることになる。つまり、あの翼は少なくとも部

ハリウッド版のキングギドラは違う進化を辿ったのか?

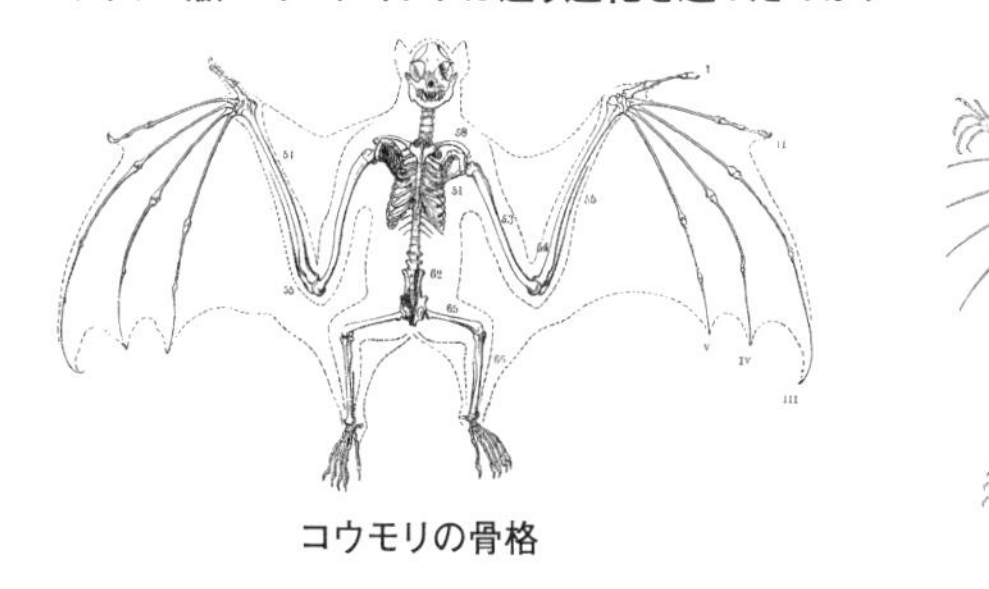

コウモリの骨格

トビトカゲの骨格

日本のオリジナルのキングギドラの翼は真骨魚類（条鰭類）の鰭のように腹から「条」が伸びている。
対して、ハリウッドの『ゴジラ キング・オブ・モンスターズ』版では、陸上脊椎動物の腕のパターンを踏襲し、コウモリの骨格によく似ている。さらに、トビトカゲのように肋骨を用いたと思しき脇腹から伸びた3本の「条」も使って巨大な翼を支えている。

Gegenbaur, C. (1898) Vergleichende Anatomie der Wirbeltihiere mit Berücksichtung der Wirbellosen. Wilhelm Engelmann.

分的には真骨魚類の鰭ではなく、陸上脊椎動物の腕（前肢）のパターンを備えている。

　このような形状が全体としてコウモリの翼と酷似していることに注意しよう。翼竜も指を「条」として用いているが、それは祖先的な爬虫類の第四指だけを用いたものである。[17] ところが、このキングギドラには四本の条がある。つまり、見かけとは異なって、このキングギドラは爬虫類の一グループとしての翼竜などよりむしろ哺乳類にずっと近い解剖学的パターンを持っているのだ。

　しかし、それだけでは話は済まない。ハリウッド・キングギドラの翼はさらに脇腹のレベルで三本の条によっても支えられているのである。この条は、おそらく「腕」とは関係なく作られており、脇腹にある肋骨を用いたものと考えるのが妥当のようだ。ということは、この怪獣の広大な翼は、腕の骨格と胴体の骨格両方を使ってようやく支えられていることになる。

肋骨を用いて翼のような構造を創り出している動物であれば、トビトカゲの仲間がそれに該当する。彼らは肋骨を開いて、そこに張った皮膜状の体壁を使って空中を滑空するのである。とすると、このキングギドラは、複数の動物グループに由来する異なった解剖学的パターンをキメラ的に組み合わせているわけである。無論、宇宙怪獣という設定のキングギドラが、地球上の脊椎動物と類縁性を持つ必要などないのだが、さらに単なる「変形」だけでは済まないような大きな形態学的パターンの違いが、この「ハリウッド種」と「東宝種」の間には認められるわけである。もしこのような解剖学的な違いが認められたら、通常は「亜種」とか「変異」とかいった話では済まない。たとえば、爬虫類と哺乳類のような、もっと大きなレベルの動物グループの違いとして認識されてしまうに足るほどの違いなのである（ようするに、「あんなの、キングギドラじゃない」と言っても、動物形態学的には十分許される）。かくして、キングギドラの出自と多様化には、まだまだ謎が残されているようなのである。

5. ガメラ世界を考える

「ゴジラ」といえば、対するは「ガメラ」だ。この二頭の怪獣は文字通り日本怪獣映画史において輝ける二大巨頭であり、互いに顔を合わせたことはないが（つまり、異なったパラレル怪獣ワールド日本に属しているが）、誰もが知っている人気怪獣だ。顔を合わせたことがないのは、単に大人の都合だ。東宝の怪獣代表がゴジラであり、一方でガメラは大映の怪獣なのだ。子供心にも、明らかに互いのライバル意識を感じとっていた。ただ、怪獣をよく知らないいいい加減な大人が『ゴジラ対ガメラ』のような、存在しない映画のタイトルを冗談半分に口にすることが間々あって、我々一九五〇～六〇年代生まれの子供はその度にイライラさせられたものだ。「大人はアテにならない」とか、「大人の言うことは信用できない」のような認識は、じつはこういったレベルの他愛のないことから生まれてくる。

ガメラ世界の怪獣はゴジラ世界の理論では語れない

彼ら怪獣の王者たちは、ある意味たしかにライバルなのだけど、真っ向からぶつかっているというより、大映怪獣は明らかに東宝のゴジラやラドンとは別の方向へはじけ飛んでいる。とりわけガメラは、文字通りぶっ飛んでいる。それもジェット噴射で。

良くも悪くも、六〇年代のガメラはその荒唐無稽さが好まれたり嫌われたりする理由になっていた。それがいわゆる平成ガメラシリーズになると、ゴジラ以上に本格的で真剣な怪獣映画だと言われるようになってしまうのだから、つくづく分からないものだ。

さて、ゴジラにはちゃんとした（？）「古生物としての出自」が付随しているが、その点ガメラがゴジラ的な意味で生物かどうか、かなり微妙なところだ。しかし、人間と精神的に交感するのだから、ゴジラなどより遥かに気心が知れているのだろう。ガメラの正体については、六〇年代の映画からすでに、超古代文明や宗教との関わりが仄めかされてきた。平成ガメラシリーズにおいては、より鮮明にそれがアトランティス文明の申し子である可能性が示唆されていた。それは、とりわけ第一作の『ガメラ 大怪獣空中決戦』と、第三作の『ガメラ3 邪神〈イリス〉覚醒』（一九九九年）に明らかである。

ギャオスのゲノム

ガメラを生物学的に理解するに当たってまず重要なのは、その敵であるギャオスの染色体とゲノム解析のデータを見直すことだろう。これを通して、当時のエンジニアたちの知

ギャオスと対峙するガメラ。　「ガメラ 大怪獣空中決戦」
©KADOKAWA 日本テレビ 博報堂DYメディアパートナーズ/1995

識と技術を推し量ることができるかもしれない。アトランティス人はどうやら、何かの必要性があってギャオスという人工動物を作り出したのだが、それが思惑を外れた凶悪な生物となってしまい、人間を喰って爆発的に繁殖したため、彼らはその天敵としてあわててガメラを作り出したというのである。

たしかにギャオスは単為生殖（たんいせいしょく）を行い、個体すべてがメスだという。現実の生物の世界でも、単為生殖を行う、メスのみからなる動物種は多い。昆虫や爬虫類に多い印象があるが、単為生殖は動物界全般にわたって広くみられる現象である。これらの動物に共通する特徴は、有性生殖による進化を犠牲にしても個体数を増やすことを優先しているということであり、この生殖方法により母親と同一のメス個体が際限なく増えてゆくことになる。事実、「ガメラ世界」では、地球上のあらゆる場所にギャオスが眠っていると示唆され、それが大群をなす様子は『ガメラ3』のエンディングに観ることができる。

　こういった動物は多くの場合、食料や棲息環境が理想的な状態にあり、何か特別な適応を要求されるような状況にはない。私が想像するに、おそらくギャオスは本来、人類の食料問題を克服するためのブロイラーに似た家畜か何かで、適当な餌さえ与えておけば、放っておいても勝手に増えてゆく理想的なタンパク源として設計されたのであろう。

　それがなぜ体長一〇〇メートルを超える程にまで成長し、人肉を好み、超音波光線なるものを吐くようになったのか。いずれにせよ、ガメラはこのギャオスを駆逐するために開発されたのである。

　現在でも、農作物を荒らす害虫を駆除するために、その天敵や、放射線処理をして不稔性（子孫を残せないこと）に改変した虫を放つことがある。そのようにして、次世代の害虫が生まれないようにするのである。天敵を導入する場合、それが新たな被害をもたらす可能性を考えねばならず、ハブを駆逐するために移入したマングースが期待された仕事をせずに、ヤンバルクイナなど在来野生生物を喰い荒らしたケースもある。ガメラは、勾玉（まがたま）状の装置を介して巫女(みこ)となった人間と交感できるが、これはガメラをマングースのように暴走させないため、その行動を制御するためのコントローラーだったのかもしれない。

ギャオスの設計を考える

劇中、九州大学の大学院生で、『ガメラ 大怪獣空中決戦』におけるヒロイン、長峰真弓(演・中山忍)の後輩にあたる研究員が調べたところによると、ギャオスの染色体は一本(一対)で、そこには進化に由来する無駄が一切なく、これまでに知られているありとあらゆる動物の遺伝子のコーディング領域(タンパク質をコードした部分)と作用部位(その遺伝子の発現を制御するプロモータやエンハンサーと呼ばれる領域のことか)がぎっしりと詰まっている完全無欠の一対であるという。それを発見した研究員は「(染色体は人間では)二三対、ニワトリで三九対、アマガエルで一二対、一対というのはきわめて異常です。しかも、遺伝子の情報には、進化の過程を経てきたため、必ずムダが出るわけですが、この染色体にはいろんな生物の作用部分がごぞっと入っていてムダがない。完全無欠の一対なんですよ」「ギャオスは進化の帰結としてではなく、最初からあの形で完成していたとしか思えません」「並みの技術でできることじゃないです。しかも、染色体にはＸＸだけではなくYYのタイプもあったんです」と述べている。

たしかに真核生物の、それも多細胞動物のゲノムをエンジニアリング（工学的に設計）するというのは並大抵のことではない。いまのところ、人間はようやく細菌のゲノムを人工的に合成できるようになったところだ。

現在の生物学の知識をベースに推測されるギャオスの発生プロセスは、きわめて前成説的なものだ。つまり、昔の人が考えたように、卵の中に小さな親の形が最初からできているということだ。それが大きくなることによって、ギャオスが出来上がるということだ。それに対して、我々のような普通の動物の発生においては、胚の形が徐々に変化する。発生プロセスにいくつかの特徴的な胚段階がある。それもまた、進化の過程で胚発生プロセスそれ自体が進化してきたことの証なのである。

こういったいくつかの明瞭な胚段階を経ることにより、各種の細胞が安定的に間違いなく分化することが可能となる。言い換えるなら、安定的に成立した胚のパターンが一種の「関所」となり、それを滞りなく通過することで間違いなく次の段階に進むことが許されるというわけだ。多くの細胞型を正確に分化させるために、胚の細胞を最初に大きく三つのグループ、つまり高校で習う「外胚葉」、「中胚葉」、「内胚葉」に分けるのも、さまざまな細胞や組織を正確に作り出すために必要な、進化的に発明されたステップなのである。

発生の中期、いわゆる器官形成期になると、「ファイロタイプ」と呼ばれる、その動物群に特徴的で保守的な胚段階が現れる。[*18・19] 脊椎動物でいえば、サカナの鰓に似た「咽頭弓」という構造が頸のところに現れる段階、つまり「咽頭胚期」のことである。動物が高度な解剖学的体制を作り上げるためには、やはりどうしても通過しなければならない「関所」がここにもあり、そのためにすべての脊椎動物は、それがサカナであれ、哺乳類であれ、互いに似通ったかたちの段階を経る。そして、このような段階的な発生プロセスが少しずつ変化することを通じて、我々は進化してきたのである。

進化によって成立せず、最初から「理詰めでエンジニアリング」されたギャオスにはおそらく、脊椎動物の基本体制が成立する咽頭胚期や、それを導くための神経胚期、さらにそれに先立つ原腸胚期といった、それ自体発生の関所をなすような階層的な複雑化の過程はなく、ことによると三種類の胚葉が出来ることすらないかもしれない。

そしてどのようにしてか、発生初期のうちにギャオスの雛形が完成し、それ以降の発生過程は基本的に栄養摂取に伴う成長、すなわち大型化の過程だけで進むのかもしれない。

このような動物の形態形成は、次第にパターンが複雑化してゆくような発展的なプロセスではなく、胚形態がその形状を保ったまま、相似的に、いわば「影絵のように」拡大してゆくようなものである。そして、成長とともに体の各部の比率が変化してゆく「アロメトリック」ではなく、全体が均一に成長する「アイソメトリック」な過程がギャオスの発生プロセスの本質であると考えられる。

かくしてギャオスは、合成生物学的にエンジニアリングされた人工的な生物であるがゆえに、その省力化された染色体は最小限のサイズで済んでいる。が、さまざまな外的擾乱(じょうらん)やそれによって生ずる変異に対して頑強な動物として設計されているようには見えず、むしろあり合わせの技術で「取りあえず作ってみた試作品」といった感がある。

邪神誕生への仮説

対して、『ガメラ3』において二一世紀直前に出現した邪神イリスは、「ギャオスの変異体」であると説明された。劇中の国立遺伝子研究所の研究員の解析調査による結論は、それがギャオスのゲノム同様、一対の染色体となっていることはたしからしいが、ギャオスと同起源の生物のものではなく、まったく別のもので、どこまで進化し続けるのか予測できない、ということであった。

じっさい、イリスの形態に、ギャオスに似ている箇所はほとんどない。いくつもの触手を持ち、脊椎動物としての基本的ボディプランから激しく逸脱している。むしろ、別種の勾玉で邪悪な人間の精神と結びつくというように、一面ガメラと似たところがあり、人間社会の運命や歴史に干渉しようとする者の意図をそこに感ずる。

以下は私が勝手に想像する仮説である。このイリス、じつはアトランティスに起源を持つテロリスト集団、もしくは世界を終わらせようと、いまに至るまで存続し続ける秘密結社かなにかの手によるもので、ギャオスはむしろ、その製作の過程での副産物として生まれてしまったものかもしれない。翼によらない飛行、人間との交感を介した行動制御など、イリスとガメラに見る共通点は多い。ことによると、「ギャオス」の名は、そもそもイリスに対して与えられたものだったという可能性すらある。

おそらく、人工生物の作製は当初成功し、簡単な単為生殖をする鳥類様の動物が人類の食料として役に立っていた。が、政府転覆を企む秘密結社が人工生命技術を盗み出し、さまざまな試行錯誤の結果イリスの生体部分を作り出すプログラムの開発に成功した。そのとき、試験管代わりに用いられたのが、現在「ギャオス」と呼ばれる人工食料生物であった。最終的にイリスの初期胚、もしくは卵が、あたかも寄生虫が感染するようにギャオス卵中に移植されたのであろう。
イリスはギャオス卵の養分を使って成長するため、卵殻に付着した細胞の染色体はギャオスのものとなるが、発生するイリス胚はもちろん独自の遺伝情報によっている。この製作過程で、イリス作製前段階として作られた実験的巨大生物がまず逃げ出し、大陸各地で災厄をもたらしたが、政府にとっての懸案は、人間の操る人工生命体としての「ギャオス」、つまり現在我々の知る「イリス」であった。政府直属の研究所はテロリストグループの技術を入手し、あわててこの巨大人工生命体に対抗するものとしてのガメラプロジェクトに着手した……というのはどうか。つまり、勾玉状の装置を介した行動制御は、そもそもイリスのために発明されたテクノロジーであったと。

ガメラ作製技術

ガメラ作製のヒントになる事実はあまり多くはない。それはイリスに関しても同様である。ガメラの遺伝子については、血液サンプルその他の標本があるのだから、今後、ある程度のところまでは解析を進めることができるだろう。ガメラの出自を示しうるデータとしては、沖ノ鳥島近海の深海底で、深海探査機「かいこう」を用いた探査中に発見された、通称「ガメラの墓場」がある。海底にガメラの甲羅が無数にならび、それらが正体不明の人物、倉田真也（演・手塚とおる）により「（以下、劇中の台詞）ガメラは器だ。（中略）古代人はプロトタイプを多数創り、それを器にマナを呼び寄せ、ガメラを誕生させた」と説明される。「マナ」とは、「ガイア思想」的な地球の生命エネルギーのようなものらしい（注）。ガメラは「マナを入れる器」として存在するらしい。無論、これは宗教的教義に独特の記号論的表現もしくは比喩であるが、宗教的、神話的な意義づけについては本書の範疇（はんちゅう）からはみ出てしまうので、これについての考察は控える。ただしそれでも、これらの事実から推測されることはひとつある。

注：地球をひとつの生きた有機体とみる考え方[20]には賛否両論があるが、これを支持する優れた研究者がおり、そのなかには細胞内共生説で有名なリン・マーギュリスもラブロックの共同研究者として含められる。筆者はむしろ、「地球をある種のホメオスタティックな物質循環の系としてみたときに、生物もその一部としてみることができ、その上でいわゆる生命圏の平衡が保たれている」という逆向きのアナロジーが好ましいのではないかと常々思っている。

それは、アトランティス人が、ギャオスの失敗を繰り返さないために、強大な守護神たるべきガメラの設計にあたって、適性個体をごく少数選び出す、人為淘汰過程を作業に組み入れたらしい、ということである。おそらく、原子力とジェット推進による運動機能の獲得や、人間との交感を介した行動制御を可能にするために、ガメラ個体は発生のある時期で改造手術を受けるのだろう。しかし、究極のサイボーグとして真にガメラが成立するチャンスはごく小さく、最適値を求めるためには試行錯誤のプロセスが必要だったのであろう。

おそらくその選択効率を上げるため、ガメラのDNAはトランスポゾンなど動く遺伝子のほか、DNAの組み替えを起こす要素を多く備え、適度に変異する、やや不均一なパターンを持っていたことだろう。それが互いに少しずつ異なった、不完全なガメラを多く生み出していったに違いない。そのなかから正確な発生プログラムを導くために、取捨選択、つまり人為的な選択過程は避けられない。このような進化に似た方法を用いた結果、複雑な形態形成をつねに可能にする発生プログラムがようやく成立するわけだが、そこでは段階的な複数の胚形態を経て、確実に成体になるような安定的な発生プロセスがなかば自然に組み込まれているはずである。無論、限られた時間内でガメラ完成体を作り出すため、きわめて多数の卵を一度に発生させるような大規模な実験が行われたことだろう。その時不適格となった個体群が、いま日本の海底に沈んでいるということではあるまいか。

ガメラの出自に関する仮説

さて、じつは平成ガメラの出自に関しては、私は以前からある仮説を考えていた。それは、ガメラの雛形がじつは人間だったのではないかというものである。無茶苦茶なようだが、私はこういった宗教的SF感覚にどことなく惹かれる。おそらく、七〇年代SFに親しんでいたからだろうと思う。『シン・ゴジラ』におけるゴジラの由来についても、私は牧博士その人が直接ゴジラに変貌したという前提で短編小説を書いた。[*16] やはりそれは、数ある可能な解釈の中でも私の好みに合致していたからだ。

SFのスピリットと科学的信憑性の間には危うい境界がある。いくら荒唐無稽であっても、妙に信じたくなる架空技術の筆頭として、「タイムトラベル」や「ワープ航法」や、「巨大怪獣」があるが、それに加えて、ある種の「変身」や「改造人間」も忘れてはならない。たとえば、有志を募り、適合候補者をサイボーグとして、ひたすら外科手術に基づいて改造するか、究極のDNA編集技術を用い、変身メカニズムを組み込んだDNAを被験者に注入、そのすべての細胞を改変したのちに一定期間培養、巨大化ののちにサイボーグ手術を行うか（私は、趣味的にこれに一票）、もしくは原子力で稼働するカメ型巨大ロボットに、その有志の脳だけを移植し、機能上の必要性からガメラのような姿にならざるを得なかったというような……。平成ガメラシリーズを通し、ガメラにはつねに成人男性のようなイメージを抱いていたのだが、それはじっさい、ガメラの「材料」が、勇士として選ばれたアトランティス人男性だったからではなかろうか。

ギャオスの単為生殖は明らかだが、ガメラの生殖を窺わせる場面は一切ない。ガメラとなるべく、秘密裏に選ばれた「人間素材」はおそらく男性のもので、彼はその生涯をイリス殲滅に捧げる。しかし、極限状態と孤独のなかで、精神を強靭に維持すべく、覚醒時はつねに「巫女」として選ばれた特定の女性（それは、実際に候補者の恋人であったかもしれない）と精神的に交感し続ける必要があった。アトランティスの文化的・宗教的文脈の中で、ガメラの覚醒はつねに厳粛な儀式の形をとって行われ、一種の超自然的な現象として社会的には位置づけられていた。それを通じて脳を提供した男性の使命感も、歴史的価値の中にようやく意味をもつことができた。が、それでも、精神に破綻を来す場合が多く、そうして破棄されたガメラ試作品は、「器の失敗作」と呼ばれ海中に投棄された、というのはどうか。まるで、『ロボコップ2』（RoboCop 2　一九九〇年）において、数々のサイボーグの試作品が事故を起こし続けたことを思い出させるような話だが。

先にも述べたことだが、怪獣映画に隠された男女関係（セクシュアリティ）は、ＳＦとしての設定に血肉を与える重要な要素ではなかろうか。それが、疑似的世界観にリアリティを与えもするのであるから。

第三章　進化形態学的怪獣学概論

――脊椎動物型怪獣の可能性――

1．ゴジラの歯についての考察

映画『シン・ゴジラ』の中には一ヵ所、妙な台詞が出てくる。かなりリアリズムを追求したと覚しい映画なので、私としてはそれが少し残念なのだ。巷（ちまた）ではしばしば、矢口蘭堂内閣官房副長官（演・長谷川博己）の「まるで進化だ」という台詞が問題とされることが多いが、これはじつはたいして問題ではなく、一九世紀ドイツの生物学者、エルンスト・ヘッケルが提唱した発生反復的現象に基づく一種の解釈に過ぎない。[*1・2] むしろより深刻なのは、巨災対（巨大不明生物特設災害対策本部）の面々がゴジラの乱杭歯（らんぐいば）を見て、「噛み合わせが悪そうな歯並びだ」（森文哉 厚生労働省医政局研究開発振興課長〈演・津田寛治〉の台詞）に対して「（何も）食べてないんだ」（間邦夫 国立城北大学大学院生物圏科学研究科准教授〈演・塚本晋也〉の台詞）と納得する場面なのである。では一体、この考え方のどこに問題があるのか。

トリの翼のような特殊化した構造に付随する機能や、それに基づいた適応的行動パターンは、文字通り「論理（ロジック）」として整合的に語られる。たとえば、「空を飛ぶための翼」のように。しかしそれは本来、「辻褄（つじつま）が合っている」という以上のことを意味しない。なのになぜか、「飛ぶために翼を持つ」という、一種の「目的論」としてそれが語られることが多い。無論、動物の形を決めた「目的」など、この世にあった試しはない。「目的」をもって生物を作った者もいるはずはない。だからこそ、生物学の世界では目的論的説明は御法度とされる。むしろ進化生物学的に問題となるのは「なぜそうなったのか」という経緯なのである。

「何も食べない」ということと、「乱杭歯」を持つこともたしかに辻褄が合っている。それは、トリが空を飛ぶために翼をもつことと同じだ。しかし、科学的に説明しようとするならそこに目的論を持ち込むわけにはゆかない。ならば、ゴジラの歯の背景にも進化過程や発生過程があり、その果てに一見理に適った現象が成立するにいたったのだということを理解せねば気が済まない。そういうことを考えてみようというのがこの項だ。

生物のロジックとメカニズム

生物は等しく適応的機能とそれを成就するための発生プロセスを伴うシステムとしてみることができる。そして、そのシステムが成立している背景には、それを導くに至った進化過程、つまり自然選択のプロセスがあった。たとえば、「キリンが高いところにある葉を食べる」ことと「頸が長い」ことは機能的に整合的だが、これを納得することと、「キリンが祖先的状態から、いかにして長い頸を持つに至ったか」というプロセス、つまり進化の経緯を知ることとは別なのである。

『シン・ゴジラ』を観て最も気になったのが、議論がゴジラの生理学的機能の理解に終始し、誰もその出自について気にしていないように見えたことだった。そこが、山根恭平博士（演・志村喬）がゴジラの起源について訥々（とつとつ）と語っていた一九五四年の『ゴジラ』との大きな違いというべきだろう。

どれだけ科学者が現代の知識を総動員して頭を突き合わせて考えようが、肝心の進化的起源について議論しない限り、本当の意味での科学精神の不在は隠せない。いわば、それが最も象徴された台詞が、上に述べた「乱杭歯」だったわけだ。そして問題は、論理（ロジック）と機構（メカニズム）の混同に端を発している。進化は、プロセスとメカニズムによって説明されるべき現象であり、適応のロジックなど述べても「トリは空を飛ぶために翼を持つ」くらいのことしか言えない。しかも生物学においては、適応論は運命的に自己言及的にならざるを得ない。たとえば、「翼を持つからトリは空を飛ぶ」とも言えるように。しかし、それが進化的経緯としては何の説明にもなっていないことに注意しよう。「進化プロセスが説明されなければ、真の理解へは到達できない」のである。

というわけで、ロジックの背景を進化的に理解しようというのであれば、ゴジラの歯並びもまず、それを作り出したプロセスやメカニズムとして考えねばならない。

歯並びの進化

問題はこうである。もし、あの映画に登場したゴジラに祖先がいたとして、その動物がちゃんと獲物を獲（と）って暮らしていたとしたら、あのような不揃いな歯を持つことは適応的ではなく、自然選択によってまちがいなく歯並びのよい個体が優遇されたであろう。その際、選び出されたのは、歯列を揃えるために機能するまっとうな発生プログラムであり、それによってこの発生プログラムを構成する遺伝子制御ネットワークが生き残ることになる。それはさらに、このネットワークを成立させている個々の遺伝子のコード領域や、それら遺伝子の発現を制御する仕組みの総体を温存させることに繋がってゆく。

こういった発生プログラムの中に良くない変異が起こると、それは「歯並びの悪さ」という不適切な表現型を帰結し、それを持つ個体が集団から排除されることによって、その遺伝的変異も駆逐される。

ここでは、「獲物を獲ること」という目的に適った形態形成機構がゲノムの中に出来あがっており、「自然選択がその存続を守っている」という図式を見ることができる。それもひとえに、「並びの良い歯列が有利であるため、より多くの子孫を通じてより多くの遺伝子コピーを残す」という理屈があるためであり、この同じ理屈が、DNAの塩基配列や発生プログラムの構造に生じた変異に優劣（子孫を残せるチャンスの差異）を付けるわけである。いわば、いま生き残っている生物のゲノムは、いろいろなテストで合格点を取り、厳しい評価をかいくぐってきたものばかりなのだ。

しかし、である。もし、仮にゴジラの祖先が核エネルギーの利用法を身につけたとしよう。本当はこっちの方が生物学的にはずっと問題が大きいのだが、仮にそれができたとして考えてみよう。すると、ゴジラはもう獲物を獲る必要がなくなってしまう。そうなると、もはや「並びの良い歯」と「乱杭歯」の間には優劣がなくなる。仮に、ゴジラが伴侶を探すときに「歯並びの良い歯」を基準にするなどということがあったのなら、「使う・使わない」に拘わらず「歯並びの良さ」を追求する必要は相変わらず生ずるだろう（一見、無駄に見えるオスの孔雀の羽も、まさにそういった適応的な理由で進化したのである）。しかし、そうでもない限りは「歯並び」に生じた変化は、そのゴジラ個体の適応度をほとんど変えないことになる。つまりこの場合、歯列の発生プログラムの変化や、その下部構造であるところの遺伝子制御ネットワークなど、ゴジラ・ゲノムに生じた歯に関わる変異は一挙に「中立」、つまり「あってもなくても良い」ということになってしまう。表現型を介した遺伝子の存続にかかわる採点基準が甘くなってしまうわけだ。

じっさい、並びの良い歯列を維持するために必要なすべての遺伝子や、その制御のために必要な塩基配列はかなりの数になるだろう。そして、そこにランダムに一定の頻度で突然変異が生じてゆくと考えれば、歯を使わずに何世代も継代していくうち、次第に歯並びが悪くなってしまうことと必至である。が、「歯が不要になったので、すぐさまゴジラの子供の歯が不揃いになる」などということはまず起こらない。もしそんなことが起こると考えるのなら、それは「獲得形質の遺伝」とか「用不用説」という一九世紀的な誤謬（ごびゅう）を受け入れることと同じになる。また、歯並びに影響する遺伝子の多くは、たいてい他の器官形成にも機能している。したがって、歯並びだけに影響するような突然変異が都合よく短時間内に生ずるということもなかなか期待できないのである。

つまり実際には、ゴジラがものを食べなくなってから歯並びが悪くなるまでに、何世代も必要となる。そうか、それで歯並びが悪いのかと納得するということはすなわち、いまゴジラに見ている歯並びの背後に、連綿としたゴジラの進化史を容認することに他ならない。

ゴジラの乱杭歯と、ものを食べないことを結びつける適応論的ロジックは、その背景にゴジラの長い世代交代の歴史や、世界中に存在しているゴジラ集団を認めることと同じである。そう認める以上、ゴジラが今後、無性的に増殖してゆくことではなく、すでに繁殖してしまっているかなりな数のゴジラの棲息を前提とし、巨災対はいまそれをこそ心配しなければならない。劇中で間准教授は「有翼型になって、大陸間を移動するかもしれない」と懸念するが、それもあまり当たっておらず、それを期待する根拠もない。恐竜が翼を獲得して空を飛ぶために何万世代もかけたのなら、同じことはゴジラにだって当てはまる。

ゲノムエンジニアリング

あるいは、牧博士がゲノム操作という、一種の「エンジニアリング」によって一代限りの「人造ゴジラ」を作り出したとしたら、その歯並びはどうなるだろう。現在の技術や知識体系では、ゲノムを改変・編集することは可能でも、特定の形を実現するためのゲノムのデザインまではできていない。が、『シン・ゴジラ』では「それができる」という設定であったと見受けられる。同じような前提は他の多くのSF映画にも見ることができる。

さてその場合、ゴジラの設計のためには何か、ちゃんとした歯を持つ動物のゲノムが用いられているであろうから、その発生プログラムがちゃんと働く限りにおいて、歯並びは良くなるだろう、取りあえずはそう期待できる。しかし、何しろ人間が計算づくでデザインしたことになっている動物なのだから、顎の形成メカニズムと歯列調整メカニズムのマッチングが良くないのは当たり前、結果として乱杭歯が出来てしまうということはたしかにあり得る。

ただしその場合、ゴジラは純粋にアクシデントとして乱杭歯を持つのであり、間違っても「何も食べないから歯並びが悪い」という論理的解釈にはならない。こういった解釈はつねに進化の帰結として可能となるのである。

あるいは、牧博士の計画通り、ものを食べない怪獣ゴジラの設計にうまく行き着いたとして、単に「必要がないから」という理由で歯並びを悪くする動機が、はたして博士にはあっただろうか。間違ってもそれはあり得ない。そもそも「歯並び」だけに特異的に機能する部分をゲノムの中に特定することからして面倒で、必要がないからと言ってわざわざそこに変異を加える必要もない。そのような細工が、別の器官・構造の発生に悪影響を及ぼす危険性をこそ憂慮すべきだろう。ならば、必要とされる機能以外の部分は、何もせずに放っておくべきだろう。歯並びが良くて問題がないのなら、それはそのままにしておけば良い。ならば、再びその場合においても、「何も食べないから歯並びが悪い」という解釈は導けない。いずれにしても、あの台詞に居場所はない。

何をうるさいことを、とお思いかもしれない。が、しかし、そういうことに拘（こだわ）るのが進化生物学なのだ。あの台詞を口にできるような、いかなる生物学的論理も科学的背景も、この世には存在しないのだから。

2. 怪獣映画におけるスケール問題

以下に述べることはすでに手短に書いたことがあるが、やはりここではっきりとさせておかなければならないと思うので、あえて詳細に述べさせていただきたい。すなわち、「怪獣映画を論考する際に、スケール問題を持ち出すのは御法度である」と。

「スケール問題」というのは、体長が二倍になると、体表の面積はその二乗、すなわち四倍になり、さらに体重は三乗の八倍になるという、あの法則にまつわる問題のことである。かくして、ゴジラのように桁外れに巨大な動物が現れたなら、それは自重に耐えられず、すぐさま崩壊してしまうであろうと、しばしば指摘される。たしかに、コラーゲン線維やリン酸カルシウムの基質だけでもって、数万トンにもなろうかという巨体を支えられるはずもない（ちなみに、地球上で最も重い動物であるシロナガスクジラ *Balaenoptera musculus* でさえ自重があまりかからない海中に棲息し、その体重も二〇〇トンを超えない）。まったくその通りである。

身長約120メートルサイズのシン・ゴジラ。

『シン・ゴジラ』©TOHO CO., LTD.

「スケール問題」の問題

しかし、この背理法的理屈に対して逆にこう問い返すこともできる。「果たして目の前に巨大なゴジラが現れ、それが自重で崩壊するという事象を目の当たりにできるのか？」と。それができないというのなら、先の反駁（はんばく）にも論理的根拠はないということにはならないか。言い換えるなら、「スケールの法則にしたがい、自重に耐えられず、すぐさま崩壊してしまう」ことは理屈としては正しくとも、そこから論理的に「だから、ゴジラは存在できない」は導けない。すなわち厳密に言えばこれは、ゴジラがいないことの科学的理由としては失格なのである。

もう少しこのことを詳しく吟味してみよう。たとえば、「全長一キロの飛行機は、巨大すぎて飛ぶことができない」という言明が仮に正しいとしよう。

だとしても、「全長一キロの飛行機らしきもの」を建造することはできる。つまり、「飛べないこと」はその建造を妨げない。したがって、飛ばないまでも、そのような飛行機的物体が存在することは十分に可能であり、したがって飛ばないことそれ自体はその飛行機の実在を否定できない。この線で考えたとき、生物としてのゴジラの実現性はどういうことになるのだろうか。

まず、考えなければならないのは、「ゴジラのような巨大な動物が現れたとしたら」という前提である。ゲノム操作で無理矢理作り出された一代限りの「シン・ゴジラのゴジラ」ならともかく、あらゆる動物は進化の帰結として生まれてきているのであるから、巨大な怪獣の親もまたそれなりに巨大でなければならなかった。したがって、このような前提を考えることは、ゴジラに類似の巨大生物が、一世代前には地上を闊歩し、しかも生殖していたということを認めることと同じである。無論、これは矛盾である。

じつは、ここでもまた前項で述べた「プロセスとロジックの違い」が関わってくる。つまり、「自重に耐えられず崩壊するので、ゴジラは存在できない」という言明は、見かけ上はメカニズムを論じているように聞こえるが、それは実のところ「論理」にすぎないのだ。しかも、自己否定的な命題ともなっている。たとえばあえてこれを「機構論」と見なして思考実験をしてみよう。

この命題が真であるためには、目の前にまさにゴジラがいて、自重崩壊しなければならない。しかし、そもそもいま目の前で崩壊したゴジラは一体どうやって出てきたのだろうか。この命題がゴジラを否定しているというのに、なぜゴジラが出現できたのか。命題自体が矛盾している。

つまり、「過去に戻って自分が生まれる前の親を殺したらどうなるか」という、あの有名なタイムパラドックスと同じことがここで起こっている。というわけで、この世に実際にゴジラがいない、もしくは存在できないことは、単にそれが自重崩壊するからでは「ない」。むしろ科学的命題は、論理の形ではなく、機構的プロセス論で語らねばならない。

SFにおける「ウソ」

逆に、「怪獣的サイズを持った動物が現れていないのは、まさにそのスケール問題のためだ」と考えることは十分に可能だ。じっさい、それ以外にゴジラのようなサイズの動物が存在しないことは説明できない。SFに目を転ずれば、このような「あり得ない前提」に基づいて書かれているものが非常に多いことに気づく。H・G・ウェルズの『タイムマシン』[*3]における時間旅行の原理であるとか、『スタートレック』(Star Trek 一九六六年)における「ワープ航法の理論」などがそれに当たる。これらの「ウソ」、もしくはSFなればこその確信犯的前提が、そもそもSFをSFとして成立させているのであり、それがウソであると知った上での物語がそもそものSFの価値なのである。

もうひとつの価値として、「科学が未発達のためにいまだ到達し得ていない技術が、近未来に可能になった前提」で書かれたSFもある。じっさい、科学技術の発達によってSF性を失ってしまった小説が、ジュール・ヴェルヌの『海底二万海里』だ。[*4]が、「科学技術がどうしてもそこまで発達できない」、もしくは「まだ十分に発達していない」という例もある。たとえば、一九八〇年代に物理学者が証明したように、「ワープ航法」なるものはどうやら技術的にではなく、そもそも原理的に不可能と考えられているらしい。

ということは、『スタートレック』や『スター・ウォーズ』(Star Wars 一九七七年)のようなお手軽な宇宙旅行時代がやってくることは永遠にないということになるし、この不可能性はもはや「SF自体の不可能性」と等価と言ってよい。いわば、「ワープ航法あってのSF」なのである。これを怪獣映画に当て嵌めてみれば、「巨大不明生物が実在しないのは、まさにスケール問題が理由なのである」という結論が予測できる。そして、「仮にも怪獣映画をフィクションとして楽しむのなら、もうスケール問題など口にするのはやめよう」ということにもなる。ただし、この論駁（ろんばく）はまっとうな進化生物学で補強されねばならない。それを以下に試みてみよう。

進化のキャパシティ

進化生物学的には、すでに動物は進化するうえでできる限りのことをあらかたやってしまっており、考え得る可能なサイズの動物はすでに実在するか、さもなければ絶滅してしまったと考えることは十分に可能だ。これまで地球に生まれ、絶滅していった古生物の方が現生動物よりもはるかに多いのだから、特定のグループの最大種がしばしば化石種に見つかるという可能性はたしかに統計的には高い。そして、実際その通りの傾向を見ることができる。それはもちろん、古今東西最大の哺乳類であるシロナガスクジラが現存していることをも許容する。『ウルトラQ』（一九六六年）の一の谷博士（演・江川宇礼雄（うれお））が、マンモスフラワーについて述べた、「太古の動物を考えてみたまえ。みな巨大だ」（第4話「マンモスフラワー」より）という法則は明らかに言い過ぎだが、化石動物の中に最大種がいる傾向自体は自明なのだ。

ただしこの考えは、特定の動物が進化とともに際限なく大きくなりうるという、現実には起こっていない可能性をも内包する。ウマや恐竜（獣脚類や竜脚類）、あるいは魚竜の系統進化においては、一時期大型化の傾向がたしかにあった。しかし、たいていの場合はある一定のところで落ち着きを見せる――いずれ何らかの極限（プラトー）に達する――という現象を見逃すべきではない。ならば、その理由を積極的に考えてゆかねばならない。

際限のない巨大化の傾向を押しとどめるような仕組みは、いったいどうやってできるのだろう。ひとつの仮説としては、動物の発生システムに必然的に内在せざるを得ない、なにか頭打ちのロジックがあり、その故に、どんなに頑張っても一定サイズを超えることはできない、という理屈が可能性としてはありうる。この傾向が事実であるなら、それは一種の「拘束」と考えることができるかもしれない。つまり、「動物はつねに進化しているが、好き勝手な方向にいくらでも変化できるわけではなく、つねにある一定のバイアスがかかっている」、という考えだ。生理学的、機能形態学的、生態学的、発生学的限界が進化の方向性に制約を与えているのである。おそらくそれが正しい解答なのであろう。では、その限界はどのような理屈でもって設定されているのか。

たとえば、建築の分野では「ダブルキャパシティ」という考え方がある。「この床は一〇〇キロの荷重にも耐えます」という謳い文句を付けるためには、実際には少なくとも二〇〇キロに耐える能力を持たなければならない。戦争映画などでよく潜水艦が敵の追撃から逃れるため、限界深度を超えて潜ることがあるが、それはこのダブルキャパシティに賭けているのである。面白いことに、これは動物の骨格にも当てはまり、一本の骨を折るためには、その骨が通常経験する最大応力の倍以上の力を加えなければならないという。[*5]これは、どういうわけなのだろうか。どうやって、そんな能力が進化し得たのだろう。

　もちろん多くの場合、骨は強い方がよいに決まっている。が、かといって、「強ければ強いほどよい」というモットーに従って骨の強度が自律的に進化することはできない。なぜなら、自然淘汰においては、少しでも骨折しにくい個体が生き残り、そのような筋肉系、骨格系を作りおおせた発生プログラムだけがゲノムとして選別され、そうして初めて集団に広まってゆくからだ。つまり、どんな発生プログラムであっても、進化的に合格点を貰うためには何らかのテストを受けなければならない——表現型として淘汰の篩にかけられねばならない。ならば、淘汰によって進化できる骨の強度は「体重プラス・アルファ」を支える程度にしかなり得ないのではないか。

　ここで考慮しなければならないのが「ウォルフの法則」と呼ばれるものである。これは、骨が継続的に受ける負荷の大きさに応じて材料が骨に付加し、より強くなってゆくという傾向を意味する。つまり、骨は自分にかかっている力の大きさをつねにモニターし、それに応じて自分を作っている素材の分量を加減しているのである。骨折で入院しているうち、使わなかった脚の骨が弱くなってしまうのと同じ理屈だ。[*6] これと同じことは、腱や靭帯にも生じている。この加減をどのように設定するか、それを決めたのも淘汰だと考えることができる。

淘汰の場面において、その動物の骨が生涯（あるいは生殖年齢の末期まで）経験し、耐えることのできる荷重の潜在的最大値を計測するような都合のよい進化はない。つまり、骨の強度を最初から発生プログラムに書き込んでいるのではなく、一部は発生過程に、一部は現実の使用状況に任せているのである。そして骨は、その動物が生活する上で、常識的に経験する最大の荷重には耐えなければならないが、それが進化的淘汰において計測されるのは、骨が折れて子を残さずに死んでしまった敗者の決定を通じてのことなのである。また、一生のうちまったく起こらないか、あるいは滅多に起こらないような希なイベント、たとえば、「無防備で眠っているライオンの背中に、あるときゾウが落ちてくる」というような、ほとんどあり得ない危険に備え、それに適応した強度の骨を標準装備するとなれば、それには馬鹿馬鹿しいほどの非現実的コストがかかり、逆にその動物の適応度を脅かすことになる。無論、ウォルフの法則も、このようなアクシデントに即時対応できるようなシステムではない。このような事態を考えることは非現実的なのだ。滅多に起こらないことは進化の駆動力にもならず、非常事態に備えすぎることによって適応度を下げる淘汰もあり得ない。それは、ことある毎にゾウがライオンの背中に落ちたがるという、世にも珍しい習性が獲得されなければ決して期待できないことなのである。

進化の方向性と限界から見た怪獣のサイズ

このように、キャパシティを上げることと、コストを下げることの間には、トレード・オフ、すなわち「綱引き」があり、ぎりぎりの強度では危ういが、さりとて強すぎる骨を作ることにも意味がない。結果、骨が折れる応力の二倍ぐらいに落ち着いている、という考えはあり得る。しかしそれでも、骨が「必要以上に強すぎる」という印象はぬぐえない。

人間にとってそうであるように、骨折という事態は動物にとって余程のことであり、骨折に至る前に、骨には負荷がかかり、筋、腱、靱帯など軟組織にもダメージが起こる。体重を支える体の強度は、骨だけではなく、筋や腱など、複数の構造からなる総体に依存しているのである。全力疾走によって命をつないでいる野生動物にとっては捻挫ですら命に関わるわけだから、骨折が起こる以前に筋や骨の強度、ウォルフの法則を成立させている修繕の度合いを調節するような淘汰の篩(ふるい)が実際にかかってしまうことになり、淘汰はそれを目指して進化を駆動する。結果として、いつでも速く走ることのできる動物個体は、その動物が通常経験する以上の荷重に耐える骨格や筋肉を発達させがちとなる。このようにして、骨には見かけ以上の力学的キャパシティが与えられ、それが骨強度の進化可能性に繋がってゆく。

体のサイズを決める諸々の事柄

進化を通じて得られた骨強度にみる「キャパシティ＝遊び」、すなわち見かけ上の余裕の部分は、一種の「表現型揺らぎ」としてみることもでき、この揺らぎが大きくなればなるほど、そこから巨大化へのチャンスは増すことになる。標準値が新たなレベルへとシフトするための、いわば「伸びしろ」が大きく与えられているからである。

ただし、おおよそ骨の断面積に比例する骨の強度揺らぎに対し、体重の増加速度がより早く進むため、「遊び」はすみやかに食い尽くされて頭打ちとなり、新たな標準体重に対応する骨のキャパシティの限界が体重増加に歯止めをかけてゆく。つまりは、これがスケール問題の真の意義なのである。なにしろ、体重が三乗で増えるものだから、この歯止めは、大型化が進めば進むほどきつくかかり、同時に巨体を賄うに足るだけの栄養摂取能力、咀嚼能力への要求度もいや増しに倍増してゆくことになる。すなわち、巨大化のプロセスには最初から限界がすぐ目の前にみえているのだ。

　こういった諸々の事柄の総体が、体のサイズに限界を設けてゆく。そして、まさにそれこそが、巨大な怪獣が進化し得なかった理由だと考えることができる。スケール問題はつまり、怪獣の存在不可能性を指摘するのではなく、むしろ「脊椎動物の基本構築」という設計思想に基づいた、潜在的な怪獣の進化不可能性、あるいは進化的プロセスにおける巨大化の頭打ちを予測するというわけなのである。

　というわけで、進化というプロセスを考える限り、「大きすぎる体を持つと、自重で骨格や筋が保たず、潰れてしまう」という理屈は、怪獣が存在できない理由としては不適切と言わねばならない。むしろ、「自重で崩壊するほどのサイズや体重は、進化的には実現できない」と言うべきなのである。これが、怪獣の実在可能性にまつわる最大の困難なのである。そして、まさにその理由で現実世界に怪獣はいない。ここから再び導かれる結論がすなわち、「スケール問題の確信犯的無視こそが、怪獣映画を支えている屋台骨なのだ」、ということになる。

ワープ航法のない『スタートレック』や『スター・ウォーズ』を考えることに意味がないように、タイムパラドックスを徹底的に回避できるタイムトラベルがあり得ないように、スケール問題を回避できる怪獣映画もまたあり得ない。これが、「怪獣映画のSF性の証明」だ。かくして、スケール問題を理由に怪獣を批判する行為は、「私は怪獣映画を認めません」と言うのと同じになる。「荒唐無稽なSFを認めるかどうか（人間的感性として、世界観をどのように逸脱するか、してもよいか）」ということが、本質的な問題なのである。

加えて、「怪獣のスケール問題」は、我々の日常的実感が追いついてゆかないことにも起因している。たとえば我々現代人は、「アフリカ象が大地を歩いている」ことだったら納得できる。とはいえ、その時点ですでに我々の身体的体験をはるかに超えた重さを考えていることに気づかねばならない。じつは、これはトリケラトプスなどの角竜とほぼ同じレベルの重さなのだ。そしてさらにその延長に、ディプロドクスやブラキオサウルスのような巨大な竜脚類恐竜を想像しなければならない。おそらくそのあたりが地上性の動物としてのサイズの限界なのだろうと私は考えるが、それ以前の時点でもう我々の想像力はまったく追いついていないのである。ただ科学的記述として「これこれの重量の動物が地上を闊歩していた」と教えられるのみなのである。おそらく、「トリケラトプスは、せいぜい現在のサイと同じようなものなのだろう」と、感覚的に思っていた人が多いのではないだろうか。

つまり、直立しているときに自分の体重を支える力や、高々数キログラムの荷物を手で持ち上げるのに必要な力の延長として恐竜の体重を実感することはもとより不可能なのだ。その不可能性が、逆に身長一〇〇メートル、体重数万トンのゴジラを想像させてしまうわけなのである。

これに関し、人間というサイズが、「量子力学的現象を実感するには大きすぎるが、相対論的効果を体感するには小さすぎ、人生が短すぎる」ということがしばしば指摘されることがある。この中途半端なスケールが、生物学的リアリティの生ずる「場所」なのである。これは間接的に、「SFとは、人間的スケールやサイズを逸脱したレベルの世界を想像にまかせて記述するもの」だということを語っている。ならばやはり、SFにおけるスケール問題とワープ航法問題は、同じレベルの不可能性を代表しているということになりはしないだろうか。

第四章　進化形態学的怪獣論

――不定形モンスター類の生物学的考察――

1. マタンゴが食べたい

「おいしいわぁ……」

『マタンゴ』（一九六三年）、マミこと関口麻美（演・水野久美）の台詞

はたしてキノコのモンスター、マタンゴが怪獣かどうか、悩むところだ。しかし、元はといえば人間ではなく菌類の一種だから、「ガス人間オ一号」や、「電送人間」や、「液体人間」や、「透明人間」と同じ意味で「怪人」と呼ぶわけにはいかない。いちおうちゃんとした着ぐるみで表現されているので、ここでは東宝特撮に敬意を表して怪獣扱いしておこうと思う。しかし、やはりそれは普通の怪獣じゃない。部分的には人間だ。いや、日に日に変化してゆく人間（だったもの）だ。

トラウマとしてのマタンゴ

数ある日本の怪獣・怪人映画の系譜にあって、『マタンゴ』は屈指の人間ドラマであった。久保明演ずる主人公の青年、村井が、最後まで英雄的行動を貫き通したことに関して

無人島に漂着した一行とマタンゴ。　『マタンゴ』©TOHO CO., LTD.

は、いろいろと解釈がありうるだろう。が、それより何より、極限状態におかれた人間が、次第に人間性を失ってゆくドラマ性が素晴らしい。それについてはあの、『吸血鬼ゴケミドロ』（一九六八年）以上と言って良い。

中学二年のある夜、私は『マタンゴ』をテレビの深夜番組で初めて観たのだが、余りにエグい人間描写にすっかりあてられてしまい、しばらく鬱々とした状態に陥ってしまった。もちろん、食べたら自らキノコになってしまう「突然変異キノコ、マタンゴ」という設定も、私にはかなり恐ろしいものであった。

そもそも名前が凄いじゃないか、「マ

タンゴ」。ひとたび口にしたらもう元には戻れない。南の島にだけ棲息するという夢のキノコ、「マタンゴ」。その芳醇な風味と、それがもたらすえもいわれぬ恍惚感。マタンゴ経験は文字通り、あなたを一生変えてしまうだろう。なんか、日本酒の宣伝文句か、イーグルスの名曲「ホテル・カリフォルニア」の歌詞のようだ。いや、まさにその通りだ。いいなぁ、マタンゴ。美味しそうだなぁ、マタンゴ。でも、決して食べちゃいけないのだ。

そのマタンゴについて、たしか私は国語の時間に感想文を発表した筈だが、その時の原稿のようなものが残っているわけもなく、いったい何を喋ったのかもうほとんど覚えていない。おそらく、「ゆうべ、すごく嫌な映画を観ちゃいましたぁ」というような感想だったと思うが、それは我ながら不適切な表現だった。むしろ、中二の少年の心にも深々と突き刺さる、それはそれは見事な人物描写であったというべきだった。しかしまぁ、あの水野久美や、佐原健二や、土屋嘉男など、いつも東宝特撮映画で話の分かるお兄さん、お姉さんを演じてくれていた俳優たちが、いわゆる「本物の大人」として、人間の本性剝き出しの醜い争いを演じていたわけで、それは子供にしてみれば、親の喧嘩を延々と見せられているようなものだったのであろう。これで辛くないわけがない。あの年齢では無理もない。

さて、マタンゴとはいかなる生物なのか。映画のちらしやパンフレットには、「放射能が生んだ第三の生物」とある。[*1] では、「第三の生物」とは一体何だろう。現在認められている生物の分類体系には合致しない表現だ。

アメリカの生物学者、ロバート・ホイタッカーによる有名な「五界説」では、地球上の全生物に「モネラ界」「原生生物界」「植物界」「菌界」「動物界」の五グループが立てられている。どうも、これとは関係なさそうだ。分子系統学に基づいて、最近支持されることの多い「3ドメイン説」では、「真正細菌」「古細菌」「真核生物」に分けるが、我々が日常的に生物として目にするものはほとんど真核生物に入ってしまい、それについてはマタンゴとて例外ではないだろう。

おそらくこういうことだろう。生物の存在形態を乱暴に分けると、動物のように動き回るか、さもなければ植物や菌類のように何かに生え続けるか、の二タイプがあるように見えるが、マタンゴはそのどちらでもない「第三の生き方」を発明したということなのだろう。なにしろこいつは、いろいろな生きものに取り憑いて、気が付いたら皆マタンゴになってしまう。たしかに恐ろしい。念を押しておくが、これは生物学的にはかなりいい加減で誤謬を孕んだ、日常的記号論に基づく人為的分類にすぎない。映画のポスターにはさらに、「吸血の魔手で人間を襲う……」などと書いてあるが、これはちょっと違う。映画には吸血シーンなど出てこない。

いずれにせよ、五〇年代以降、放射能は日米の映画の中でさまざまな怪物を作り出してきた。まるで万能薬のように。『隔週刊 ゴジラ全映画DVDコレクターズBOX VOL.54 マタンゴ』には、漫画版『マタンゴ』が付録で付いているが[*1]、これがなかなか素晴らしい出来で、読み応えがある。それもそのはず、石森章太郎（故・石ノ森章太郎）の作だった。で、この漫画の中では、マタンゴが廃棄船の中で行われていた「放射性物質による突然変異の実験」の一環として生まれたことが明瞭に示され、その際作られたらしい、いくつかの発生異常の動物の標本が実際に絵として描かれている。こういったところは、映画よりも説得力がある。

あらためて考えると、マタンゴの何が怖いのかよく分からない。誘惑に負けて一口食べたら最後、取り返しの付かないことになるという禁欲主義的な戒めのようなところが怖いのか。それとも、自分が人間でなくなることが怖いのか。しかし、本物の人間にしたところで、本質的には見苦しいまでに自己中心的ではた迷惑な、困った存在ではないのか。じっさいマタンゴになった人間同士は、チーム・プレーが抜群で、間違いなく飢えた人間より元気で、しかもどことなく幸せそうなので、「マタンゴになる」というのは傍（はた）で見るほど酷いことではないのかもしれない。少なくとも、ゾンビになるよりかなり気持ちが良さそうだ。だいたい、主人公が「自分もキノコになってしまうべきだった」などと後悔するぐらいだから、その誘惑も相当なものだったのだろう。おっと、私もマタンゴの誘惑に負けそうになっている。

マタンゴになるということ

よく考えてみると分かるが、「マタンゴになる」というのは通常の「感染」とは少し違うらしい。それをまず、以下に考察することにしよう。

人間や動物の組織と、黴やキノコの菌糸はかなり異なる。進化系統的に動物は、たしかに植物よりはむしろ菌類に近いのだが、それでも細胞型のレパートリーや組織構築には雲泥の差がある。いくら体内で菌が増殖しようが、体が徐々に子実体（キノコの本体部分）に置き換わっていったり、感染した人間の気持ちまでキノコのようになったりするわけではない。そもそも病気によって人間が何か別のものに変わるなどということはない。

しかしマタンゴの場合、どういうわけか、マタンゴを喰った人間のアイデンティティそのものが、日に日に「マタンゴ化」してゆくらしい。少なくともそのように見える。なぜかというと、マタンゴ人間は、明らかに性格が通常の人間とは違うのだ。そしてあろうことか彼らはおせっかいにも、「未感染の人間までマタンゴにしようとする」。まるで、新入生をしつこく勧誘するどこかのヤバいサークルみたいだ。あるいは、『スタートレック』の機械生命体「ボーグ」になぞらえた方が適切か。おそらく、彼等は自分がマタンゴ人間であることをちゃんと知っていて、さらに未感染の人間が自分とは違う生物であることを知っていて、その上で彼らを同化しようとするらしい。

マタンゴ化の進化生物学的意義

映画を観る限り、マタンゴを喰った当初は、幻覚剤でも投与されたような恍惚感に襲われるらしい。そこにも多少の個人差はあるらしく、凶暴性を発揮する場合もあれば、劇中にあったように、あとで鏡を見るのが嫌になることもあるらしい。が、それも時間の問題だ。つまり、その人間の妄想やら何やらがありありと目の前に現れ、文字通りうっとりとするのだが、六〇年代銀座の高級ナイトクラブでの半裸ダンスレビューなんか夢見ている笠井（演・土屋嘉男）の顔を見ると、「お前の夢というのはこんなもんだったんかい」と思わず突っ込み入れたくなる。しかしまぁ、そんなことはどうだっていいじゃないか。妄想は人それぞれだ。私だって人のことは言えないし、読者諸氏だってそうだろう、な。

いずれにせよ、このキノコには、おそらく誘引物質ならぬ習慣性を惹起するような麻薬物質でも含まれているであろうし、さも美味しそうな色と形を備えているのであろう。しかも、食べた人間の肌の色艶がやたらと艶めかしく、色っぽくなる。そうなると、お年頃のマミからのお誘いでなくとも、色香に釣られておもわず食べたくなろうというもの、なかなか巧妙な仕掛けである。このような作用は言うまでもなく、色っぽい人間の機能ではなく、むしろこのマタンゴの機能というべきである。いわば、リチャード・ドーキンス言うところの「延長された表現型」に相当する現象である。[*2] これは、進化を突き動かす表現型が、その生物の体だけに限られるのではなく、その生物の行動や存在自体に起因する、さまざまなレベルにまで及ぶという考え方だ。

説明しよう。寄生性の生物や病原体は時として、自分以外の生物の（この場合は宿主の）行動パターンやホルモン分泌状態その他を操り、自分の生存にとって有利に事を進めることがある。よく言われるのは、風邪のウィルスにかかった人間が咳をするのは、次の犠牲者に感染するため空気中にウィルスを効率的に散布する方法に他ならないということだ。進化生物学的にはこの咳は、人間ではなくむしろウィルスの表現型のひとつとみた方が良いという解釈なのだ。無論、咳を起こしているのは、人間の筋骨格系の作用だ。が、それを惹起する咽頭上皮の刺激をもたらしたのは誰か？　咳はいったい、誰のために都合が良いのか？　喉のむずかゆさを抑えるためか？　ならば、なぜそれは我慢できないほどむずかゆいのか？　ウィルスにとって都合が良いからだ。目的論的解釈は本来的に証明が難しいものだが、たしかに病人の咳やクシャミを通じた経路でウィルス感染が拡大するのは事実である。そして、効率よく咳を起こさせ、感染を拡大させるのに成功したウィルスだけがいま蔓延（まんえん）しているのである。

　別の例を引こう。吸虫類に属するロイコクロリディウム *Leucochloridium* という名の、世にも恐ろしい寄生虫がいる。こいつはカタツムリの触角に入り込み、それを肥大させてネオンサインのように目立つ模様を作り出すことで知られる。しかも、それはカタツムリ本体とは関係なく、触角の中で常時グリグリと動き、それがまた途轍（とてつ）もなく気持ち悪い。どうやら、それはイモムシの動きを擬態しているらしい。そのような状態に陥ったカタツムリはというと、晴天であっても葉の先端でウロウロするようになる。カタツムリはじつはこの寄生虫にとって中間宿主であり、最終宿主である鳥類に喰われ、その体内に入りやすくするために、カタツムリの形態や行動を操作しているというのである。これについては、ネット上に動画がアップされているので、用心してご覧戴きたい。マタンゴなんか問題じゃないほどに気持ち悪いから。

で、それが寄生虫による意図的な操作かどうかといえば、そんなことはもちろんない。ただ、寄生したことによりカタツムリの生理機能や形態が攪乱され、結果として日がな一日葉っぱの先でウロウロするようになった状況が、寄生虫の繁殖にとってはこの上なく有利なものとなり、進化を通じてこのロジックが次第に強化されてきただけのことなのである。つまり、カタツムリにおかしな行動をさせがちな吸虫であればあるほど、生存と繁殖のチャンスが増えたのである。無論、寄生虫は自分が、あるいは自分が存在していることによって影響、擾乱した諸々の作用の結果としてカタツムリの行動を左右していることなど、つゆほども知らない。

つまり、話はこうだ。「強化されたマミの色香」をもたらしたのは、じつはマタンゴ由来の生化学物質の作用によるものであり、それによって誘惑され、自分に負けた笠井がマタンゴを食べることになり、それを通じてマタンゴたちの繁殖に寄与する。結果としてこの「マミ的色香」という「延長されたマタンゴ表現型原因遺伝子群」は、みごとその適応度を増大させ、個体群中にさらに広がってゆくというわけなのである。このような複雑な機能の進化が起こりうることとは、進化生物学的にちゃんと説明がなされている。

かくして笠井を誘惑するマミは、マミであっていつものマミではない。彼女は、マタンゴ由来の内分泌撹乱物質によって色気がブーストされた、「マタンゴ強化型スーパー・マミ」なのだ。ただし、このような適応のロジックが確立するためには、それなりの世代数を経る必要がある。放射能を浴びたからといって、ただちにこのような化け物キノコが進化することは決してない。

マタンゴ人間の行動学

さて、そこからどうなるかというと、マタンゴを食べた人間の皮膚が、次第に気色悪く変色してゆく。ところが、すでに相当気分が良くなっているマタンゴ人間にとってはもう、そんなことはどうでも良くなってしまっているらしい。このあいだまで、ライフルで仲間を撃ち殺そうとしていたようなヤツまで、なんか愛想良く笑っている。どうやら、人間としてはまだちゃんとした意識があり、しかも誰彼となく仲良くなれるような人格に変わってしまっているようなのだ。これもまた、マタンゴによる宿主の神経行動学的操作であろう。そして同時に、このようなマタンゴ人間の性向が、それ以降ずっと続いてゆく。

おそらく、マタンゴに寄生された人間は、体中にキノコが生える頃までには、怒りや恨みなどの感情が極限まで抑制され、むしろ同胞を同じ境遇に引っ張り込もうと、執拗に未感染者を追い求め始めるのであろう。彼等「マタンゴ人間」にとって人間は、愛おしくて自分のところに連れて帰りたくなるような、愛すべき存在と映るに違いない。悪気なんかない。それをやらせているのも、紛れもなくマタンゴ由来の内分泌攪乱物質か、もしくはエンドルフィンに類似した神経伝達物質だ。感染する人間が一人でも増えることが、彼等の繁殖にとって有利なのだから。悪気がないのは分かっていても、マタンゴ喰わされたらエラいことだ。申し訳ないが、迫り来るマタンゴ人間は、やはり撃ち殺すしかないようだ。

人間というのはもともと猜疑心や嫉妬心がめっぽう強い生きもので、また、そういったネガティヴな感情や葛藤は、ある意味向上心や競争心の反作用でもあり、それらを乗り越えて初めて我々は信頼感や友情を獲得できる。そんな果てしなく面倒くさい生きものがつまりは「人間」というものなのだ。ところが、マタンゴ喰った人間は、ただひたすら愛想良くなる。気味が悪いほどに。何というかこの、人並みの苦労も知らず、何か薬物でも一発キメてるのか「愛さえあれば、悩むことはないのさ」などとほざいているあの手の連中、思わずぶん殴りたくなるような思考停止状態、ウェルズの名作『タイムマシン』における未来人、思考能力を失ったイーロイ的家畜状態は、盗みや、殺人や、戦争こそ起こさないかもしれないが、逆にまっとうな人間性や、努力や、向上心が徹底的に欠落しているのである。それで生きてゆくというなら、あえて止めはしない。

村井はいわば、ここでいう人間性の中の克己心を強調した存在であった。そういったところが、なにかこう、この映画が単なる病気の寓話などではなく、むしろ薬物依存症か、さもなければもっとポリティカルな侵略のメタファーになっているのであろうと想像させ、それが中学生の私にいやーな気分を起こさせたわけである。

人間にすれば、自分を求めてやってくるマタンゴ人間はもはやキノコの化け物にしかみえない。だから、なんとかしてそれに抵抗し、結果、刃物や銃やらでもって化け物キノコマタンゴをズタズタにすることになる。もともとそれが人間だったと分かっていてもなお、攻撃の手を緩める気にはなれない。それで、腕とか脚とか、マタンゴ人間の体の各部が切り落とされるのだが、見たところどうやらこれは、マタンゴにとって余り痛くないらしい。銃で撃っても、死ぬときと死なないときがある。あるいは、何か急所のようなものがあるのか。うーむ。考えようによっては、それがまた恐くもあり気持ち悪くもある。ひょっとしたら、またあとから再生してくるのかもしれない。それもなんだかイヤだ。

おそらく、この頃まではマタンゴ人間の体は動物性の細胞からなる組織ではなく、そのほとんどがキノコを作る菌糸の束に置き換わっていて、そのうちのあるものは神経的な機能に分化し、またあるものは筋線維のように伸縮する機能を得、さらにあるものは硬化して骨格のような機能を果たすようになってしまっているのではなかろうか。ちょっと後述の漫画『寄生獣』のパラサイトに似ているなぁ、などと想像するのである。それで、マタンゴの疑似神経組織とよく似たものとして、心筋細胞が変化して出来た刺激伝導系（心臓全体がリズムを合わせて拍動するよう、刺激を伝える組織。神経に似た機能を持つが、心筋細胞の特殊化したものと考えられている）のような構造のことを思わず考えてしまったりするのだが、興味のある方は組織学の本を調べていただきたい。

さてさて、ここからが問題である。「マタンゴ人間」は一体どこまでが人間で、どこからが本格的な「マタンゴ」なのか。その変身過程において、マタンゴ人間のアイデンティティはつねに不変なのか？　もし、アイデンティティが維持されるという保証があるのなら、「マタンゴを食べるぞ」と決意したあなたには、明るい未来が約束されているのかもしれない。しかし、本当にそれで良いのだろうか？

2. それでもマタンゴが食べたい

SF映画において『マタンゴ』と似た話を探すとなると、一連のゾンビ映画に同じ物語の構造を見ることができようし、他にもたとえば『ゼイリブ』（They Live 一九八八年）とか『遊星からの物体X』とか、人間に悪霊が取り憑くという設定の古典ホラー映画『エクソシスト』（The Exorcist 一九七三年）にも、類似の恐怖を見ることができる。『遊星からの物体X』においては、エイリアン細胞が体内に入り込むと、それが人間だろうがイヌだろうが、どんどん宿主の細胞を同化してゆき、ついには「物体X星人」としかいいようのないものになってしまう。こんなものになるぐらいだったら、わたしゃマタンゴ人間の方がまだマシだ。

同様の例は、『第9地区』（District 9 二〇〇九年）において、異星人が作った何かのエキスを浴びた人間の体が次第に異星人化してゆくシークエンスにも見ることができるが、おそらくその最初は、『ボディ・スナッチャー／恐怖の街』（Invasion of the Body Snatchers 一九五六年。のちに『SF／ボディ・スナッチャー』〈Invasion of the Body Snatchers 一九七八年〉ならびに『ボディ・スナッチャーズ』〈Body Snatchers 一九九三年〉としてリメイク）ではなかっただろうか。

何度も映画化されたジャック・フィニイ原作の名作だが、基本的にはどれも設定は同じ、巨大なエンドウ豆の「さや」のようなものが宇宙から落ちてきて、そばで眠っている人間の体をコピーし、「さや」の中からコピー人間が出てくるという話である。そして、コピー完了とともにオリジナルの方が崩壊してしまう。そこが恐ろしい。

しかも、コピーされるのは顔かたちや解剖学的パターンだけでなく、記憶や言語能力にまで及んでいる。したがって、鈍感な人間は周りの人々がコピー人間になっても中々気が付かない。この映画の恐怖は、知らないうちに隣人が感情の欠落した別人になっていた、というところにある。どこか雰囲気がアメリカの古典テレビドラマ、『インベーダー』(The Invaders 一九六七年)にも似ている。加えて、「眠ったら最後、体が乗っ取られる」という、基本的欲求との戦いが中々辛く、ここのところがまた、「一口でも喰ったらマタンゴになる」という状況とよく似ている。我らが『マタンゴ』は、ゾンビ映画と同様、ある意味『ボディ・スナッチャー』の末裔ということができよう。

映画の解釈はともかく、SF的設定としては『マタンゴ』や『ボディ・スナッチャー』にはかなり考えさせられるところがある。物質を基盤にした人間の解剖学的構造はともかく、人間の精神的構造までコピーできるものだろうか。あるいは、人間の解剖生理学的機能のすべてを、菌糸で再構築できるのだろうか、というわけである。じつはこれ、デカルト以来の二元論、つまり物質としての肉体と、霊的な精神を別の実体として捉えるという思考に関わる問題なのである。

マタンゴにおける「霊魂」の在処

言いたいことは分かる。人間の生身の体は単なる物質かもしれないが、自我とか、意識とか、精神というものは、それとは何か異なったレベルの現象であり、単純に物質に還元できるようなものではないという考えだ。これに対する私の見解は後に述べるとして、この心身二元論に基づいて説明すれば、マタンゴ人間の自我や精神は肉体とは別のものであるが故に、体の組織が徐々に菌糸に喰われていっても、つねに同じ人間のアイデンティティが付随し続け、したがってマタンゴ人間は精神的にはずっと同じ人間なのであるという見方が成り立つわけである（注）。

注：二〇一〇年のアメリカ映画『スカイライン　―征服―　(Skyline)』も、人間の精神が異星人の肉

体を操るように描かれていたが、よく見るとあれは、人間の脳がそのまま移植されるという設定で、必ずしも二元論的、精神論的な話にはなっていない。いずれにせよ、かなり不思議な雰囲気を持った映画であった。

「霊魂」に付随する矛盾

このように、霊魂と心身二元論が不可分の問題だということは分かったが、その区別は本当に正しいのだろうか。養老孟司がかつて言っていたことだが、この世には霊魂などというものはないのだという。その論証の仕方が面白い。どういうことかというと、世間にはよく幽体離脱のような話があって、臨死体験をした人間の魂が体から離れ、宙にのぼって自分の体とか、見舞に来た親の頭を見下ろしたこと、自分の親が歳を取って、頭頂部の髪の毛が大分薄くなったなぁと感慨深く思ったことなどを覚えていると、さもリアルに語られることがある。つまり、その魂的な存在は肉体を持たずして思考し、しかも肉体を離れて「ものを見る」ことができるわけである。しかし、もしそのような機能を持った霊魂が存在し、我々一人一人の体の中にそれが潜んでいるというのなら、そもそも我々は「眼」という器官を持つ必要も、大脳皮質を発達させる必要もなかったはずだ。それどころか、目が見えなくなって悩む必要もないはずだと。

　たしかにその通りである。我々の眼はレンズや網膜や視神経など、それ自体一種の「機械」として働く部品から構成され、それら部品の特定的な繋がりを通じて、網膜に映り込んだ像を伝えるべく神経インパルスが脳に送られる。その脳もまた、神経細胞でできている限りは基本的に機械部品、つまりはハードウェアそのものでしかない。後頭葉も、中脳上丘も、外側膝状体（がいそくしつじょうたい）も、物質を基盤とする神経細胞の塊でしかないのだ。では、「ものを見る」という我々の生々しい体験はどこで感知され、体験されるのか。その神経の塊のさらにその奥の、我々の科学が決して分け入ることのできない「神々しい場所」に、人格的霊魂が収まっているとでもいうのか。デカルトはそれが松果体（しょうかたい）であると考えた。それだけが脳の中にあって対を成さず、精神を納めるに相応しい単一構造を示すと思われたからだ。

　しかし、残念ながらそんなものは何処にもない。霊魂なるものがそれ自体でものを視覚できるというなら、霊魂が不滅である以上、視覚も不滅だということになる。もしそれが本当なら、老眼鏡もいらないことになり、私には有り難いことこの上ない話だが、それが実現しそうな気配もいまのところ全くない。また、本当に全能不滅の霊魂があるのなら、いくら脳が損傷しても正常な思考が営めるはずだ。が、そんなこともあり得ない。こういった一連の「常識」は、明らかに「霊魂という仮説」と矛盾している。

実際に視覚や思考が様々な原因で損なわれることがあるのは紛れもない事実だ。それは、視覚器官を構成するさまざまな機械部品のどこかに障害が起こるからに他ならず、それ以上でも以下でもない。同様に、我々の精神活動も、薬剤や健康状態、脳の外傷などによってさまざまに影響を受ける。私のように酒が飲めない人間には、ちょっとアルコールが入っただけでそれが実感できるし、いわゆる「ド忘れ」したときにも同様の実感をもつ。明らかに私の脳の中には、「記憶バンク」のようなハードウェアが存在し、その使い心地はとても最良などとは言えない。かくして我々の存在や運動、そして精神活動の総体は、機械としての肉体の最上位に君臨する霊魂の指令によるものなどでは決してなく、徹頭徹尾物理法則に従う、正常な物質的肉体の精妙な働きそのものに他ならない。

以上が私の考えであり、人間の精神活動に霊魂の存在を仮定する必要などないと、科学者の端くれとして考えている。そして、自分の精神活動や自我という「体験」は、みなこの肉体の一部としての脳を構成する「機械部品」の働きによるものだとも思っている。いわば、素朴実在論の立場に立っているわけだ。ラジオやテレビにたとえるなら、これら電気製品が働くのは機械部品のサーキットがちゃんと機能しているからであって、決して機械という「器」の中にラジオやテレビの魂とか根性が取り憑いたり、宿ったりしているからではない。また、鳴らなくなったラジオからは「ラジオの魂」が抜け出てしまっているわけでもない。故障した部品を取り替えれば、これらの機械は再び正常に作動する。構造と機能は一体なのだ。

ただし、脳の営む活動については、それが余りに複雑精妙なものであるため、「精神・自我とは何ぞや」とあらためて科学的立場から問うとなると、それはアーサー・ケストラー（ユダヤ人ジャーナリスト）や、ダニエル・デネット（アメリカの哲学者）や、ダグラス・ホフスタッター（アメリカの科学者）を持ち出すまでもなく、現代の科学者達がいま必死になって答えを求めているところだと言うしかない。[*3・4・5]「心の哲学（philosophy of mind）」という分野が、実際にちゃんとした科学として成立しているぐらいだ。これ以上は、さすがに現時点では不可知の領域で、本書で扱うことはできない（この辺りの哲学的議論に関しては、西垣通著『AI原論』やダグラス・ホフスタッター著『わたしは不思議の環』が入門書として適切か）。[*5・6]「肉体と切り離された精神の絶対性」などという、想像にしか過ぎないお題目を謳ってみたところで何も解決したことにはならないのである。

マタンゴの覚醒と対策

考察が長くなったが、この段階で再びマタンゴ問題を考える。果たして、マタンゴ人間は元の人間と同じアイデンティティを保っているのか否か。

霊魂の存在に期待できないいま、我々の精神活動を維持するには、それを司る脳の機能が、人間の時と同じパターンで菌糸でできた疑似ニューロンによって代替(だいたい)され続けるかどうか、つまり、同じクォリティの精神活動を営むためのハードウェアとしてのネットワークの形、すなわち一種の「構造」が菌糸ニューロンによって連続的に維持され続けるかどうかにかかっている。AIのように人格をシミュレートしようというのではない。人格をもたらしているハードウェアの構造を維持するという話だ。ラジオの部品のように、人間のニューロンを「同じ結合と、それによってもたらされる機能を保ったまま、菌糸ニューロンでもってすっかり再構成できるか」ということだ。

「個のアイデンティティ」という特定の精神活動を維持するためには、その活動それ自体を生じさせている物理構造が連続的に保存されねばならない。進化生物学的に言えば、これは一種の「相同性」、つまり「祖先を同じくすることによって成立している構造の同一性」の問題だ。相同的にハードウェアの構造が維持されうるかということだ。

脳の機能は、個々の神経細胞に付随した機能の単なる集積というより、むしろ階層的に組み上げられた機能的ネットワークにこそその本質がある。それが維持される限りにおいてアイデンティティは保たれる。かつて漫画『攻殻機動隊』の作者、士郎正宗は、単なる記憶情報や言語学的な領域と区別して自我や精神活動の中核を「ゴースト」と呼んだ[*7]。私を含めた多くの読者は漠然とそれを日常的意味における「魂」として理解したわけだが、実際は、記憶も何もかも総合した脳活動の集積をまとめてそう呼ぶしかない。記憶なくしては人格も存在し得ないのだ。それは構造さえしっかりと整えてあれば（人工心臓がしっかりと機能するように）移植でき、その場合「マタンゴになったマミ」は、どんな姿に変わっても、相変わらず「マミ」だということになる。よかったね。そんなマタンゴ状態の彼女を愛するかどうかはあなた次第だ。

しかし、脳が徐々にマタンゴ菌糸でできた疑似神経によって置き換えられてゆくと同時に脳のネットワークもマタンゴ特異的なパターンになってゆき、ついには人間の思考パターンが失われてゆくといったような、ある種絶望的な変身過程も十分に考えられる。いわばそれは、蝶の蛹から寄生蜂の成虫が飛び出してくるとか、ラジオを修理していたらいつの間にか電卓になっていたとかいった話にもたとえられよう。この場合、変身完了とともに元の人間の精神的アイデンティティは跡形もなく消え去ってしまう。つまり、人間は単なる栄養源として用いられたに過ぎない。たとえ最初それがマミだったとしても、もはやそのマタンゴはマミの人格の片鱗すら残していない。それでも「もとはマミだったんだ。かつてはマミのものだった分子がいまでも少しは残っているんだ」という理由でもって愛することができるとしたら、それはもはやマニア的フェティシズムというより他はない。まぁ、それもまたあなた次第だ。

よく思い出してみると、人間はマタンゴを喰った瞬間からすでに人格が変わってゆくらしいので、おそらく後者のマニア的結末の方がより真相に近いのではなかろうかと考える次第である。やっぱり、かなり危ないみたいだぞ、マタンゴは。逃げなきゃダメだな、こりゃ。

マタンゴに近い変身は、かつて多くの映画で表現されたことがある。たとえば以前、友人の細馬宏通に観せて貰った『ヒルコ 妖怪ハンター』(一九九一年)がその典型だった。だんだん人間の頭部が妖怪ヒルコに変身し、ついに頚が胴体から引きちぎられるその瞬間、恍惚となる竹中直人の演技がことのほか素晴らしく、その鮮烈なまでに気色の悪いイメージはいまでも目に焼き付いて離れない。これはゾンビ映画の変形版といっても良いだろう。

極限状態におかれた人間が、次第に人間性を失ってゆくのは必然だが、どれほど強欲になり、どれほど自己中心的になっても、この段階ではまだ「人間でいる」というぎりぎりのラインは踏み外していない。しかし、ひとたび人間を徹底的に喰ってしまう怪物に身をゆだねたらもう最後だ。だから、「醜い争いばかりやっている人間でいるよりは、平和で心優しい（ように見える）マタンゴになった方がマシだ」などと脳天気に考えがちな優等生諸氏は精々気をつけられた方がよかろう。マタンゴを喰ったその日から、あなたはあなたでなくなってゆくのだから……。

3. 寄生獣の生物学　その1

「『悪魔』というのを本で調べたが……いちばんそれに近い生物は　やはり人間だと思うぞ……」

岩明均作『寄生獣』第1巻より、ミギーの台詞

以下では、例外的に漫画作品を扱ってみよう。一九九〇年代のはじめだったか、アメリカに留学していた私が休暇で一時帰国し、講談社の漫画雑誌『アフタヌーン』に連載されていた岩明均の漫画、『寄生獣』[*8]を初めて読んだときは驚いた。それは、どこか『遊星からの物体X』のようでもあり、ハル・クレメント作『20億の針』[*9]や映画『ヒドゥン』（The Hidden　一九八七年）のようでもあり、それまでに知っていた物語のいくつかと通ずるようでいて、なお何かが新しい。そんな不思議な感慨を抱いたことを覚えている。

とりわけ、寄生生物（以下、漫画に登場した宇田に倣って「パラサイト」と呼ぼう）化した中年男性の頭部がぱっくりと割け、ひとつの凶暴な「口」となって人間女性の頭部を「バツン！」と喰ってしまうところが、おそらく意図的なものであったのだろうが、静か

な日常風景の一部としてきわめて淡々と描かれ、その手法が中々斬新だった。普通なら、あのような過激なシーンにはそれなりの盛り上げとして効果線が多用されるところだ。が、『寄生獣』では時として、そういった効果が意図的に排除されている。いまでは当たり前のように使われる逆手（さかて）を取った手法だが、あのような抑制表現は当時まだ珍しく、私の知る限り『寄生獣』が最初だったように思う。

それは、ごくごく日常的な生活を送る、典型的な男子高校生、シンイチ（泉新一）の身に降りかかった世にも奇妙な物語である。ある夜、空のどこかから降ってきたテニスボール状の物体の中から小さなヘビのような生きものが出現した。それが人間の耳の穴から体内に侵入、脳を含めた頭部を内側から食べつくし、自らその人間の頭部になりすまし、同時に神経系を制御して体を動かし、翌日から何食わぬ顔で人間として行動し始める。しかし、機会をうかがっては、このキメラ生物、すなわち「パラサイト人間」は頭部を変形させ、恐ろしいバケモノとなって他の正常な人間を襲い、喰ってしまう。

この項では、パラサイトの生物学的側面を考察するが、寄生生物に付きものの免疫回避機構についてはここでは深く考察できない。劇中のパラサイトに関する分子生物学や、細胞生物学的データが一切不明である以上に、私の専門外だからである。申し訳ない。

寄生獣世界

すぐ分かるように、寄生された者はもはや人間ではない。別の人間を喰う異生物、パラサイトである。脳が喰われてしまったからには、もとの人間のアイデンティティはもちろんすっかり失われてしまっている。その点で、彼らもすでに考察した「マタンゴ人間」とあまり変わらない。人間を襲うところもよく似ている。ただ、寄生獣はきわめて変形能力と擬態能力が高く、もとの人間の頭部形態を寸分違わず再現できるため、多くの人間には誰がパラサイトかまったく分からないのだ。これが物語のホラー性を高めているところであり、その独自性ともなっている。

シンイチは、パラサイトの卵が飛来したその夜、ヘッドホンを着けて音楽を聴いていたおかげで耳からの侵入を免れた。が、諦めの悪いそのパラサイト幼生は彼の右腕の静脈から侵入し、右手全体を奪ってしまう。結果としてシンイチは自分の人間としてのアイデンティティは維持できたが、右手にパラサイトを宿してしまい、それ以降奇妙な「同居生活」が始まる。無論、右手のパラサイトは独自のアイデンティティを持ち、おまけに高度な知性さえ有する。シンイチの助けを借りてその右手生物はわずか一日で日本語を覚え、人間社会の成り立ちと慣習を理解し、自ら「ミギー」を名乗るのであった。

こうしてみると、『寄生獣』は、『遊星からの物体X』と『SF／ボディ・スナッチャー』を足して二で割ったような話のように思える。が、それは単に設定だけのことで、中身は再び「生命とは何か」、「個のアイデンティティとは何か」という、例の問題を扱うものとなっている。ここに、環境問題や人間愛の問題を加える向きもあろうが、それを語ると話がややこしくなるので他に譲りたい。この作品はアニメや実写映画にもなっており、とりわけ実写映画では環境問題が漫画版以上に強調されていたように感じられた。

パラサイトのアイデンティティ

さて、漫画の中に登場する生物学者によれば、成長を遂げたパラサイトの体は「考える筋肉」と形容されるべき細胞、すなわち神経線維と筋線維の両方の機能を兼ね備えたような細胞ユニット、いわば「神経様筋線維」の集合体でできている。マタンゴの組織に関してすでに考察した、心臓の刺激伝導系のようなものがここでも思い浮かぶ。これが瞬時に形態を変化させ、武器であろうが、咀嚼器（そしやくき）であろうが、人間の顔であろうが、変幻自在に作り出すことができるのである。さらに、平衡聴覚器官、視覚器官としての眼球はおろか、会話のための発声器官すら瞬時に分化させることができる。私が思うに、このパラサイト部分の体には人間の「上皮組織」に相当するものがなく、ある種の扁形動物（プラナリアやコウガイビルを含む仲間）のように、クチクラ（キューティクル。細胞が自分の表面に分泌する保護物質）か何か、特別の物質で表面を保護しているだけなのではなかろうか。こういった単純な組織構築のゆえに、パラサイト細胞はかなり自由な結合と乖離をめまぐるしく繰り返すことができるのだろう。おそらく、細胞の大きさは人間のものよりかなり大きいだろう。さもなければ、多様な機能と高速変形が不可能になる。

加えて、パラサイトの組織体はひとつのまとまった個体として統合されている必要はなく、意思統一をしておけば、同じ生物学的アイデンティティを備えた複数個体に分裂可能で、後に再び合体することもできる。しかし、あまり小さくなると思考力もなくなり、宿主の体液中を永遠に回り続けることになる。つまり、脳らしい機能は、パラサイトの細胞がある程度の数集合し、高度に階層化されたネットワークを構成することによってようやく営まれていると考えて良い。このような脳構造が出来たり消失したりすることは実際には難しく、ひょっとすると、脳機能に特化した部分は変形しない特別の領野もしくはモジュールとして、感覚器を作り出す前駆体（未分化な細胞の塊）のセットとともに組織体内部に埋没している可能性もある。いわば、完全変態を行う昆虫の幼虫にみられる「成虫原基

（イマジナル・ディスクともいう。成虫において現れる構造の前駆体が、幼虫にすでに幼弱な形で備わっており、これを成虫原基と呼ぶ）」のように。

以上から分かるように、パラサイトは個体に付随するアイデンティティや、肉体的定位のあり方が、人間とはかなり違っている。それは、パラサイト組織体がひとつの塊になって落ち着いているときでもそうだ。たとえば、『寄生獣』第1巻97頁に次のような場面がある。

シンイチとミギーが、正常に人間の頭部を奪い、その体に寄生したパラサイトに遭遇する。そのパラサイトは知的、かつ好戦的で、いつになく正義感に燃えたシンイチもこのパラサイトと戦う気でいる。ミギー一人が冷静で、シンイチをなだめようとするが、シンイチは、「戦うんだ！」「人間のために！」と、ミギーの立場も考えずに主張する。このとき、あっけにとられたミギーの二つの目は両方ともシンイチの方を向いている。が、シンイチが、「でも……それにはおまえの力がいる……手をかしてくれよ！」と、身勝手で都合の良いことを言うもので、ミギーは呆れ、このときミギーの二つの目は互いを見つめ合うのである。これは、ミギーがシンイチの態度を吟味し、自分自身のなかでシンイチと自分の対立をリフレクトしているか、もしくは自分自身を複数の人格に分離して「これって、ど

二つの人格に分離したように見えるミギー。
『寄生獣』第1巻97頁より ©岩明均／講談社

うよ？」と会話している場面である。人間も自身の中に意図的に疑似人格を複数作り、似たような思考実験をすることがあるが、パラサイトであるミギーは、葛藤やリフレクションを物理的な体の分離で実現してしまう。

おそらく彼らの知性と高い知能は、アイデンティティや自我が、たとえば人間にみるように、脳という一ヵ所に局在して「いない」ことと関係している。状況と同じパターンを文字通り体現できるよう、個としてのアイデンティティが単一の場所に局在しておらず、もともと緩やかにしか統合させていないのだ。言い換えると、ミギーの個性は彼の体に遍在しているのだ。だから、ミギーが体を分裂させても、意思さえ統一しておけば、「個」を保つことができる。

また、人間が本来的に感情的・情緒的存在であるのに対し、パラサイトの神経系はあたかもそれがロジカルシステムだけで出来上がっているかの如く、論理的思考しかできないように描かれている。人間的情緒も理解できるのだが、それは人間と長く付き合うようになって初めて学習できるものらしい。

たとえば、パラサイトの「A」と戦い、その体を鉄パイプで突き刺すことにシンイチは大きな抵抗感を覚える。いかにパラサイトだからといって、胴体は依然人間のままだからだ。しかし、ミギーはそれを最初から「ただの肉の塊」と割り切っている。脳を乗っ取られた時点で、すでに人間ではないのだ。これについては「A」も同様で、腹に刺さった鉄パイプからの出血を防ぐため、延命のためとなれば、自分の肉体であっても躊躇(ちゅうちょ)無くパイプを背中まで突き通す。たしかに、きわめて論理的な行動である。

理屈では正しくとも、情緒や本能がそれを拒むというのが人間である。ハチに擬態した昆虫がいくら無害であるからといって、その正体が分かっていてもなお、素手でそれを摑(つか)むのに抵抗感を覚えるのが人間である。動物学者で昆虫好きの私でさえそうなのだから、情緒や本能をつかさどる大脳辺縁系の支配力というのは相当に強いのだ。論理的思考が、しょせん後付けのものに過ぎないからそういうことになる。

元来、論理的思考の背景には推論や予想、機構的理解など、さまざまな知的能力が前提としてあり、ミギーのような理知的思考が獲得されるには大変な手間がかかる。そのため、神経の物理的結合を基盤とする、意識に上らない反射を単純な神経回路として遺伝発生学的に作り出すとか、単純な因果関係を本能として構築し、辺縁系にそれを埋め込むような単純な機構から脳の進化は始まった。

トリや人間が毒虫を避けるのは、その危険性を理屈として理解しているからではなく、生得的プログラム（本能）や経験により、尖った形やハチに類似の特定のパターンと、外傷を負う危険の間の因果関係を、無条件に情緒の中に組み込んだからに他ならない。一種の反射だ。そこには理屈などない。人間が「思考」を習得するにはあるレベルの訓練が必要で、乳幼児にはそれがまだ出来ていない。だから、機構的推論の確立に先立って、因果を無条件に受容してしまう。

どうやらパラサイトの神経系は、最初からロジカルシステムのようなものだけで出来ており、人間とはかなり異なった進化の道を辿ってきたらしい。彼らはつねに思考し、計算によって判断する。基本的には、それしかできないのである。まるで、誰かによってエンジニアリングされたロボットを見るかのようだ。したがって逆に、人間を深く理解するようになるまで、パラサイトには情緒や感情が理解できない。人間の心の発達とは順序が逆なのである。あるいは、地球上の多くの寄生虫に見るように、独特の適応戦略を指向した結果として、神経系の構成要素のうち原始的な部分がすっかり退化し、いま見るような状態になったのかもしれない。これはちょっと興味深い問題である。

4. 寄生獣の生物学　その2

「我々が管理するこの肉体なら140年は生きられるだろう……」

『寄生獣』第1巻より、男性パラサイトの台詞

寄生獣の個体性と生物学

パラサイトの栄養源はひとえに宿主の血液に頼っている。したがって、宿主（＝人間）の消化器系、呼吸器系、神経系、循環系、リンパ系、泌尿器系などが正常に機能していないと、パラサイトは生きてゆくことができない。パラサイトにとって人体は栄養源であると同時に、自分用にカスタマイズされた生命維持装置でもある。したがって、パラサイトの幼体は、新生児や重病人や老人に入り込むわけにはゆかないのだ。ただ、寄生して後、パラサイトの細部組織は宿主である人間の臓器の機能にさまざまに干渉できるらしく、それによって寿命を長く維持することもできるらしい。母親になりすましたパラサイトに胸をひと突きされ、シンイチが倒されたとき、自分の細胞をバラバラにしてミギーが破損した心臓を修復したことにもそれをみることができる。

このようにしてパラサイトが管理する人間の肉体は、通常より長く「140年は使える」と、あるパラサイトは言ったが、それは一体の成人の話であり、それが老化によって維持できなくなっても、おそらくパラサイトは別の宿主に移住でき、さらなる延命を可能にすると思われる。ただし、男性と女性の体には機構上の違いがあり、同性の体でないとホストの交換は難しいという記述もある。

現在、地球上にパラサイトのような能力を持つ生物は存在しない。基本的に、現実の生物の体の中で特定の細胞型に分化した細胞は、一部例外を除き、他の細胞に変化することはない（分化した体細胞を、遺伝子発現操作により人工的に多能性幹細胞にしたものがiPS細胞である）。しかし、多くの場合一定の未分化な幹細胞が用意され、外傷や病変など不測の事態に対処できる仕組みは備わっている。成虫になったら最後、それ以上は成長しない昆虫にさえ、同様の保障機能はある。どんなタイプの細胞でも作り出すことができる細胞の性質を「全能性」というが、パラサイト細胞にはそこまでの能力はおそらく求められてはいない。なぜなら、細胞の種類が少ないからだ。どのように外観が変わっても、細胞学的にはほとんどの細胞が、筋肉と神経両者の機能を兼ね備えた「神経様筋線維」であると思われる。したがって、極端に言えばパラサイトは幹細胞すら持つ必要がないのかもしれない。ただし私は、人間の閉鎖血管系に似た脈管系を作る特別の細胞型（血管内皮細胞のような）は最低必要ではなかろうかと考えている。人間の血流が栄養の担い手であり、代謝の激しいパラサイトの体の隅々まで栄養素や酸素を運ばなければならない限り、緩慢な浸潤と拡散だけではとてもパラサイト部分の代謝をまかなうことは不可能であろうと思われるからだ。

パラサイトの由来

こういったことをもとに、パラサイトがどこから来たのかを考えてみよう。確認しておくが、パラサイトはこれまで知られている地球上のいかなる動物にも似ていない。それについては、勉強熱心なパラサイトの「ミギー」も認めている。この星で進化してきた生物であれば、他の地球生物とある程度の類縁性を示す筈だが、そのようなデータは一切ない。ならば、それは宇宙のどこかに由来を持つと考えるのが妥当だろう。他の生物と関係せず、ついこの間地球のどこかで発生したというタイプの仮説は、仮説のように聞こえてじつは仮説の体をなしていない。宇宙の寿命全体を使ってもなお実現しないほど希な偶然は、考察には値しないのだ。それを仮説のひとつとして数えるということは、たとえば我々ホモ・サピエンスが、他の霊長類とまったく関係なく、昨日アメーバからいきなり進化したというような仮説を吟味することにも等しい。

漫画では、パラサイトが夜空から降ってくるように描かれていたが、実写映画版『寄生獣』では、海の中から湧いてくるように表現されていた。これは大きな違いだ。なぜなら、宇宙からやってくるのならそれは宇宙生物による地球侵略だが、海の中から湧いてくる場合、あたかも一個の生物としての地球の意志がそこに働いているような印象を与え、私の信じる科学やSFの範疇（はんちゅう）をはみ出してしまうからだ。じっさい、これは映画としては整合的な設定と言うべきで、そこではたしかに地球の生態学的環境の保全と人間の存続の間の葛藤が大きなテーマとなっていた。結果として漫画版に比べ、多少SF色が弱まっていた感がある。漫画版と映画版の最も大きな違いはそこにあったと思う。以下では漫画版を基本とし、とりあえず、パラサイトが宇宙生物であるという仮定の下に、論を進めてゆこう。

「その生物がどこから来たのか」という問いは、それが一体何ものであるのか、どのような生活史をもつのか、どのように進化し、繁殖してきたのかといった、さまざまな生物学的問いかけを内包している。かくして、「自分がどこから来て、どこへゆこうとしているのか？　自分とは何者か？」という哲学的問いそれ自体が、本質的に生物学的でもあるのだ。それにいち早く気づいたパラサイトの中の知性派、「田宮良子」も次のように言う。
「繁殖能力もなくて　ただ　とも食いみたいなことをくり返す………こんな生物ってある?」（コミックス第1巻より）と。

『寄生獣』の物語はパラサイトと人間の関わり、もしくは人間性に重点が置かれており、パラサイトの生物学的特性に関しては、必要最小限度の記述しかない（無論、それがこの作品の価値なのだ）。したがって、生殖・繁殖に関わる場面もない。ならば、自力でなんとか考えるしかない。ちなみに物語のなかで触れられているように、パラサイトに寄生された人間同士が交配しても、生まれてくるのは普通の人間の赤ん坊に過ぎない。なぜなら、パラサイト生物に入れ替わってしまった頭部以外は、正常な人間の細胞組織だからだ。生殖細胞も、生殖器も、人間のＤＮＡを持つ人間の細胞で出来上がっている。このような状態で、パラサイト同士が有性生殖を行い、成功裡に繁殖するにはどうすれば良いのか。

それにはいくつかの方法が考えられる。ひとつは、ある程度栄養を溜め込んだパラサイトの体の一部が変化し、生殖巣となって、未分化な生殖細胞前駆体を作り出し、そこで配偶子が出来上がる。そして、何らかの方法で他個体と配偶子を交換することにより、受精卵が出来上がる。さらに、この受精卵が消費する栄養を含んだ卵黄ごと卵殻に納め、体外にテニスボール状の卵を排出する、といったような過程である。

しかし、これでは地球上の動物の生殖とまったく変わりがなく、面白くない。それに、そもそもこの生物が宇宙から飛来する説明が付かない。この程度のことでパラサイトが進化してきたなど、ありそうもない。くわえて、知性派のパラサイト「田宮良子」の示唆した通り、自ら生物学的に繁殖しない可能性さえある。彼女は、中世ヨーロッパにおける学者達や画家のゴーギャンと同じように、「自分はどこから来たのか、どうやって生まれたのか」という根源的問いに取り憑かれ、男性型パラサイトの「A」との性交さえ試みた。しかし、彼女が見出したのは生殖能力と無関係なパラサイトの絶望的な特質だけだった。

では、他にどのような方法があり得るか。たとえば、映画『ガメラ2 レギオン襲来』(一九九六年)では、宇宙生物が一種の共生複合体として描かれており、その版図拡大と繁殖を同時に行うために、宇宙に種子を打ち上げるという、非常にSF感覚にあふれたシーンがあった。パラサイトの繁殖上の適応戦略を理解するうえで、大いに参考になりそうな仮説である。たしか、これと同じ発想の宇宙生物の話が、星野之宣のSF漫画にあったと記憶する。[*10] このようにして宇宙空間を漂う「胚子」は、長い年月をかけて外惑星に辿り着き、そこで新たな繁殖を試みるのである。きわめてパラサイト的なやり方と言えるだろう。

このシナリオにおける最大の問題点は、「チャンスが小さすぎる」ということだ。映画『エイリアン2』(Aliens 一九八六年)では、エイリアンを倒し、命からがらノストロモ号から脱出したエレン・リプリー(演・シガニー・ウィーバー)は、救助されるまで五七年もかかったが、それは人間が運良く彼女を見つけてくれたからに他ならない。基本的に、生物学的スケールと時間で考えた場合、宇宙は何もない空っぽの場所だと見た方が良く、運良くどこかの星系に辿り着けたとしても、恒星の強い重力に摑まって燃え尽きてしまうか、惑星環境がパラサイトにまったく適さない場合の方がむしろ多いと考えなければならない。じじつ、太陽系でパラサイト達が棲息できそうな環境は地球にしかない。この厳しい現実に対処するには、どうすれば良いか。

エクソダス

ひとつの方法は数に頼ることだろう。現実に地球上に棲息する寄生虫のなかには、最終宿主に至るわずかな偶然に賭けるため、膨大な数の卵を産むものがいる。扁形動物に属するサナダムシなどその典型だが、この動物は頭部に続く分節構造のように見える「片節」のそれぞれが個体に相当するという考えがある(注)。ならば、サナダムシの体全体がクラゲの「ストロビラ」（210頁参）に近い存在なのかもしれない。

いずれにせよ、片節あたりの産卵数はそれほど多くはないものの、クジラのような最終宿主に寄生する巨大な集合体となると、さすがにその産卵総数は天文学的なものとなる。同時に、最終的にクジラに至る寄生経路を考えると、気が遠くなるような小さな偶然を考えねばならない。たとえ中間宿主が複数あるとしても、最終的にクジラの口に取り込まれるチャンスはわずかだろう。そのようなわずかなチャンスに賭ける動物の卵は、当然のことながら数に反比例して、サイズが極端に小さい。昆虫でも、コウモリガのような原始的な蛾（が）は、極端に小さな卵を文字通り飛翔中にばらまきながら産卵することが知られる。我々がよく知っている蝶や蛾のように、幼虫が好む食草にメス親が間違いなく卵を産むようになるには、それなりの進化過程が必要なのだ。

注：分節とは、多くの動物の体の前後方向に繰り返して並ぶ「節（ふし）」のような形状の単位をいうことが多い。昆虫や甲殻類の体はこのような節が繰り返してできている。寄生虫のサナダムシに観られる膨大な数の分節は特別に「片節」と呼ばれ、これがひとつずつちぎれることによって宿主の体から排泄され、片節中の卵が大量にばらまかれることになる。

パラサイトが文明を加速させたのか

いうまでもなく、パラサイトがテニスボール大の休眠卵を産む限りは、数に任せたばらまき戦略を採るわけにはゆかない。そもそも、栄養の投資がバカにならないし、知能の高い生物が好む方法とも思えない。したがって、次の繁殖地をピンポイントで選定し、狙いあやまたずそこに卵を送り込まないと早晩パラサイトは種として絶滅すること必至である。ならば、彼らのような宇宙侵略者は候補地を確実に選び出し、そこへ向けた恒星間宇宙航行法が可能となって初めて、版図拡大できるようになる。それはいかにして可能なのか。

ヒントのひとつは、パラサイトの高い知能にある。生物は普通、必要以上の能力を進化させたりはしない。多くの場合、持てるぎりぎりの能力でなんとか命脈を保っている。パラサイトがあのように優れた言語能力と思考能力を持つからには、それなりの意味があってしかるべきであり、彼等の寄生のターゲット（宿主）がつねに人間のような知的動物であり続けたということを物語っている。そのことは、間違ってイヌに寄生したパラサイトが、不満を表明することでも明らかだ。同時に、それがどの惑星の生物であれ、特定の文化や言語を数日で習得できるぐらいでないと彼らはすぐさま発見され、あっという間に駆逐されてしまう。結果、パラサイトは宿主よりいくぶん知能が高いぐらいで丁度良い。

これをベースに考えるなら、彼らの高度な知能は、ことによると宿主生物社会の歴史に干渉し、その文明の発達をおそらく数百年から数千年間にわたって加速させ、その成果として自らの子孫を他の惑星に送るためにあるのではなかろうか（などということを書くと、まるでアニメ『魔法少女まどか☆マギカ』〈二〇一一年〉に登場したインキュベーターとか、『新世紀エヴァンゲリオン』〈一九九五年〉において人類史に干渉し続けた「ゼーレ」を連想してしまうが）。そのような文明を発達させた暁には、パラサイトは自らの細胞を用いてクローンや生殖細胞を作る技術を手にし、人工的に接合させ、有性生殖を介した進化プロセスをも模倣できるようになるだろう。

このレベルの科学技術段階に達するともはや繁殖を本能に頼る必要がなくなり、いまやパラサイトの繁殖や版図拡大は、遺伝的プログラムの一部（ふつう、性欲もそこに含められる）としてではなく、繁殖と進化の機構を理解し、それを意図的に操作する技術を自ら開発できる知性の発露として結果しているというべきなのである。ある意味、人間社会における医療の発達の歴史もまた、遺伝的プログラムからはみ出してしまった生命維持の追求の結果とみることができる。ひょっとしたら我々人間も、パラサイト化への進化の道を突き進んでいるのかもしれない。

かくして、宿主となる知的生命体の文明の発展を必要条件として生活史に組み込んだ場合にのみ、パラサイトのような知的生物の生存と繁殖は可能となる。このプロセス、つまり一種の世代交代には、おそらく千年単位の時間がかかるだろう。もし、文明の黎明期(れいめいき)からパラサイトがこの地球で細々と暮らしてきたというのなら、ダーウィンも、マルクスも、アインシュタインも、文明が最終局面に至る一里塚として、パラサイトによる操作の結果として生まれてきた副産物に過ぎず、その果てには、バイオテクノロジーと宇宙航行技術の成熟をベースにした外惑星播種(はしゅ)計画が待ち構えている。とすると、人間の文化的、芸術的活動のすべては、単なる副産物、ひとえに人間のささやかな反抗の歴史とでもいうべきものに過ぎなかったのだろうか。

パラサイトたちは、宿主の文明の発達に干渉しつつ、ある一定のポピュレーションを維持して持ちこたえることを目標として、理詰めで生き延びてきたのだろう。彼らの生存の本質は「ひとつの惑星における宿主社会発展史全体に対する寄生」なのであり、それが明確に意識されているのである(「この種を食い殺せ」は、繁殖黎明期にはよい目標となるかもしれないが、長期的には推奨されない)。パラサイトにとっては繁殖戦略の一環として、外惑星へのエクソダス(脱出)が最終目標なのであり、その時点で最終的に宿主を歴史ごと根こそぎ喰い尽くすことになると考えるのだが、さて、どうだろう。

5. 憧れの宇宙大怪獣、ドゴラ　その1

「ダイヤモンドにダイナマイト……、悪くないでしょ？」

『宇宙大怪獣ドゴラ』（一九六四年）より、国際ダイヤ強盗団のボスの台詞

ドゴラいいねぇ、ドゴラ。これは一九六四年の東宝映画、『宇宙大怪獣ドゴラ』に登場した、早い話がクラゲ型の宇宙怪獣だ。この映画のポスターが街中に貼られたとき、五歳の私はその内容に思いを馳せ、限りなくドゴラ世界に憧れていた。[*11] 憧れながらも、つい観に行きそびれてしまった。そもそもその頃は映画のなんたるかすら、あまり理解していなかったと思う。私の覚えている限り、テレビでそれが放映されたこともなかった。結局、「レンタルビデオ」という良いものが出来る八〇年代までの二十数年間、ドゴラを観る機会がめぐってくることはついぞなかったのである。

私はとにかくこの怪獣が大好きである。なにか不思議で、幻想的で、わけが分からないところがいい。ゴジラのように、地上にどっしりと足を付けた当たり前の怪獣ではなく、いったい何がどうなっているのかさっぱり分からないところが素晴らしい。そんな幼い私

の妄想を、あのポスターはいや増しに刺激し続けた。だいぶ経ってから実際に映画を観たとき、ちょっと期待が裏切られたかな、とは思った。が、やはりいまでも好きな怪獣であることには変わりはない。いや、怪獣はいいのだが、あのシナリオがちょっと……。そりゃもぉ、学者から警察官から外国人に留まらず、なんと国際ダイヤ強盗団のボスに至るまで、全編これ、オヤジギャグの連発で（冒頭の台詞）、還暦を迎えてしまったこの私でさえ耐えるのが大変なのだから、おそらくいまの若い人にはまったくついていけないことだろう。じっさい、この映画の評判は余り芳しくない。とはいえ、見るべきところもちゃんとある。

　なにをおいても、ギャング団の一員、夏井浜子を演じた若林映子（あきこ）の醸し出す雰囲気が素晴らしい。なにはなくとも、怪獣と彼女だけ観ていればいい。とりわけ仲間を裏切った彼女がボスに背後から撃たれ、燦々（さんさん）と降り注ぐ南国の太陽の下で顔を歪（ゆが）め、絶命するシーンは特筆もの、まるでその部分だけ古いフランス映画を観ているような洒落（しゃれ）た趣すらあり、同時にそのシーンが映画冒頭の「動くベッド」、あの夜のオープンカーのシーンと絶妙に調和している。こういうシーンが似合う女優は、若林映子以外あり得ない。あぁ、なんて美しい。これを軸にストーリーを練り直せば、そして夜のシーンを増やせば、もっと良い映画になったものを。

「イカした大人のフィルム・ノワール」を背景としてこそ、宇宙怪獣ドゴラは映える。この怪獣を彩るのは決して主人公の熱血刑事、駒井（演・夏木陽介）でも、へんてこりんなアメリカ人（マーク・ジャクソン役のダン・ユマ）でも、美人なだけで実質的には何もしないに等しい昌代（演・藤山陽子）でも、ましてやオヤジギャグでもなく、我らが永遠のヒロイン、若林映子なのである。それだけは間違いない。山奥の古い洋館に巣くう大グモや、夜空にわだかまる巨大なクラゲ状の宇宙怪獣が似合う女優は、世界広しといえど一人しかいない。それが、六〇年代の若林映子なのだ。

ドゴラの正体

いうまでもなく、ドゴラのモチーフはクラゲだ。つまりは刺胞動物（かつては「腔腸動物」と呼ばれていた）だ。じつは、私の知り合いで愛媛大学の比較神経学者、村上安則准教授（かつて私の研究室に在籍）が指摘したことなのだが、ドゴラのモチーフはドイルの短編、「大空の恐怖」[*12]という、手記の形を取った小説に登場する怪物に違いないという。読んでみると、たしかにその通りであった。そこでは、この手記の著者、発明家にして詩人のジョイス・アームストロング氏が上空三万フィート（約九〇〇〇メートル）で遭遇したというその「怪物」について、次のように書かれている。

夏の海に漂うクラゲを想像ねがいたい。それもつり鐘がたで、ものすごく大きなもの——セント・ポール寺院の円屋根よりも大きなものと申しあげたい。ぜんたいがうす桃いろで、細い緑いろの脈がとおっているが、ぜんたいはじつに薄く、紗のようなものでできているせいか、濃い紺青の空を背景に美しい輪郭をみせているだけだった。繊細に規則ただしいリズムで息づいている。二本の緑いろの長い触手がたれていて、ゆっくりと前後にゆれ動く。この華麗なる怪物は、石鹸の泡のように軽く繊細に、音もなく悠然と頭上をすぎゆき、王者のようにゆったりと流れていった。

ふむ。この怪物はたしかに、ドゴラときわめてよく似た形状を持つようだ。怪物世界における地球がドゴラの脅威にさらされた一九六〇年代は、先進諸国が宇宙開発に鎬を削っていた頃に当たるが、ひょっとするとこの宇宙生物はそれ以前から長いこと地球に棲息し、人目に付かず細々と暮らしていた可能性がある。それが産業革命、世界大戦を経、石炭から大量の炭素源を獲得することによって、大規模に繁殖したのか。
一方で、ドゴラのデザインについて、私もまた幼少の頃より確信している解釈がひとつある。おそらくそれは、先カンブリア紀に棲息していたクラゲの生き残りなのだ。映画のポスターにおけるドゴラの本来の姿は、怪獣の挿絵画家として有名な小松崎茂（一九一五〜二〇〇一年）によるものだったが、おそらくそのイメージの元は、『小学館の学習図鑑シリーズ⑩地球の図鑑』（一九五八年）に掲載された、六億年ほど前の「生命のはじまり」の時代に棲息していた「くらげ」にあろうと思われる。[*13]
これは素晴らしいイラストだ。先カンブリア紀の海の中に、単純な体制の多細胞生物が犇（ひし）めき、その中でひときわ目を惹（ひ）くのがこの「太古のくらげ」なのだ。じっさい、五歳の私がドゴラのポスターを初めて見たとき、「コイツはどこかで見たことがあるぞ」とまず連想したのがこの図鑑のイラストであった。
クラゲは「刺胞動物」に属する。我々の骨格や筋を作る素材である中胚葉を持たず、外胚葉と内胚葉だけからなる単純な動物で、イソギンチャクを含む花虫亜門（かちゅうあもん）と水母亜門（くらげあもん）の二グループに分けられる。これらのうち、後者がいわゆるクラゲ型の動物で、おそらくはドゴラもそこに含めてよいだろう。その単純な構築から推測されるように、刺胞動物は、脊

ポスターに描かれたドゴラと図鑑掲載の「くらげ」

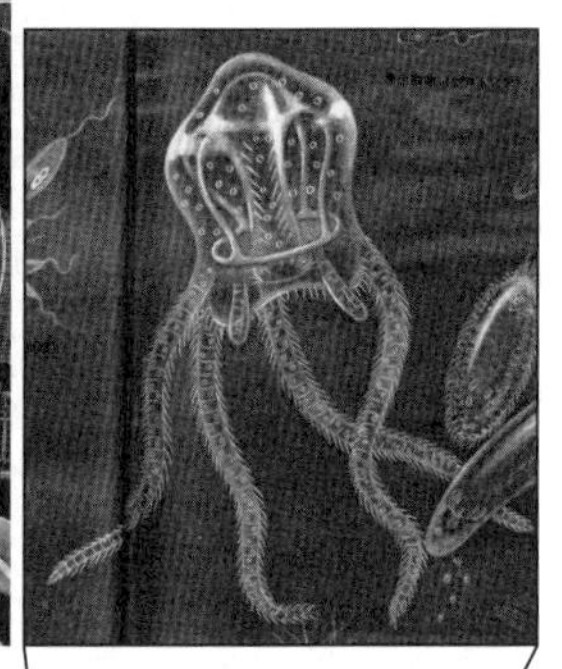

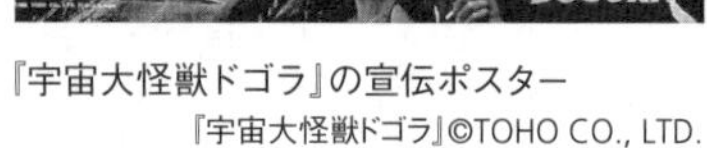

『宇宙大怪獣ドゴラ』の宣伝ポスター

『宇宙大怪獣ドゴラ』©TOHO CO., LTD.

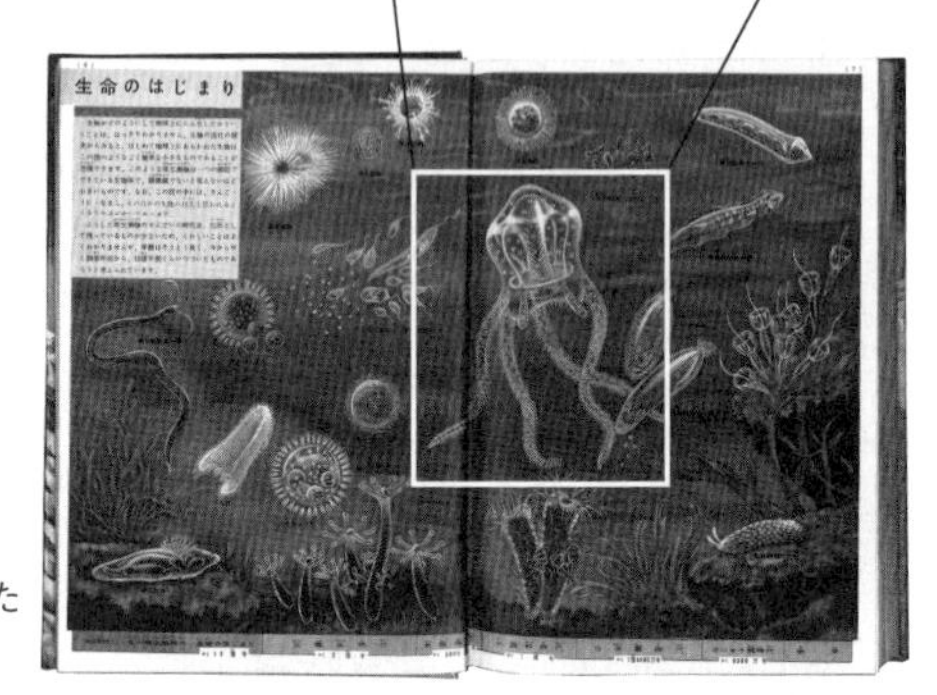

図鑑に描かれた「くらげ」

『小学館の学習図鑑シリーズ⑩ 地球の図鑑』〈鹿沼茂三郎、岡村三郎、鈴木道夫著　1958年〉P.6〜7に掲載された「生命のはじまり」

椎動物や節足動物、軟体動物のような、明瞭な前後軸、背腹の別、内臓諸器官を包み込む体腔をもつ、「普通のまっとうな動物」（これらを左右相称動物という）になる前の祖先から枝分かれした、きわめて原始的な系統の動物なのである。ボディプランの違いが、進化の経緯を物語っているわけだ。クラゲを「生命のはじまり」と呼ぶのはちょっと言い過ぎだが、彼らが多細胞動物の本格的な進化の黎明を象徴する、いわゆる「エディアカラ動物群」に連なる生きものであることは間違いがない。じっさい、幼稚園児であった私は、この宇宙怪獣が地球生命史の黎明となにか深い因縁で結ばれているに違いないと、勝手に想像しては楽しんでいた。ドゴラはいわば、地球の動物進化の全貌に関わる存在なのであると。

たしかにドゴラと、小学館の図鑑に示された「太古のくらげ」のデザインは酷似している。一方、劇中ではドゴラが「宇宙細胞」であると説明され、映画のパンフレットには、「『ドゴラ』とは宇宙に棲息する単細胞生物が放射能の影響で突如転位し（筆者注：突然変異のことか？）、細胞分裂をくり返しながら巨大な怪獣に成長したものです」とある。[*11] どうやら、ドゴラ自体が単細胞生物だと言っているわけではないらしい。やはり、ドゴラは多細胞動物と見てよいようだ。じっさい、小学館の図鑑に掲載されたこの「太古のくらげ」

の触手を増やし、頭部（?）に六〇年代宇宙人のヘルメットよろしくアンテナ状の突起をいくつか付け足したら、まさしく映画のポスターに見る我らが「ドゴラ」になるではないか。かなり酷似してはいるが、これをもって小学館の図鑑のデザインを拝借したということには必ずしもならないだろう。なぜなら、恐竜をはじめとする古生物の復元図は、著作権こそ付随するものの、実質的には公的資料である。ライオンをモチーフに「怪獣グリホン（『緯度0大作戦』〈一九六九年〉に登場）」をデザインしても誰も文句を言わないのと基本的には同じだ。それどころか、「太古のくらげ」もまた、何かを手本にしなければ描けなかったはずなのだ。

ドゴラのデザインの起原

では、この小学館の図版の元ネタは何か。いろいろ調べてみたのだが、どうにもよく分からない。これが恐竜の図版であれば、当時の図鑑は、イェール大学ピーボディ自然史博物館にある有名な壁画か、そこから派生したコピーをモチーフにすることが多かった。しかし、この「太古のくらげ」に関してはオリジナルデザインの出典がよく分からない。

ひとつの可能性としては、この作画を担当した画家本人か、その画家にアドバイスをした動物学者が独自に考えついたデザインではないかということ。もうひとつは、当時出回っていた原始的なクラゲ類の解剖図を一般化して描いたのではないかということ、である。少なくとも後者が正しいと思わせる図版がひとつある。一九世紀に活躍したドイツの生物学者、エルンスト・ヘッケルの手になる『クラゲ類の体系』中の一葉、ヒドロ虫の仲間を描いたものがそれだ。同じ学者による有名な画集『自然の造形』にも同様の動物が描かれている。*[14・15]

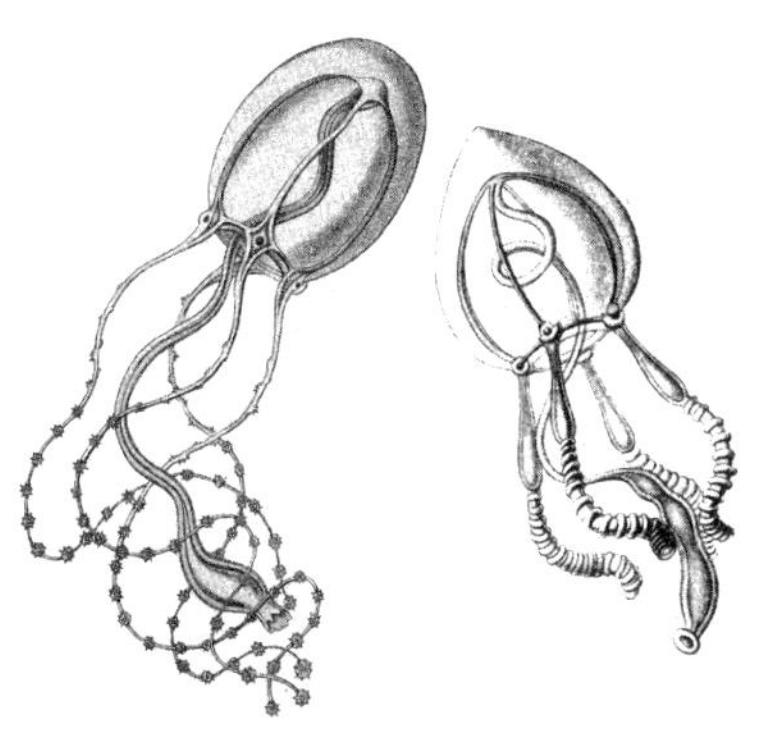

ヘッケルによるヒドロ虫類の幼体。
『自然の造形(Kunstformen der Natur)』
(1899〜1904年)より
『世界大博物図鑑 別巻2[水生無脊椎動物]』
(平凡社　1994年)

ここに描かれたいくつかの現生ヒドロ虫の内部構造が、「太古のくらげ」と実によく似ている。とりわけ、下方に開いた口から胃腔へ連なる中央の管腔の頂上部から、放射水管が四方に伸び出し、下方へ向かって湾曲し、傘の辺縁部で環状水管へと連なる構造が酷似している。それがヒドロ虫類に属する多くのクラゲに共通して見られる基本的形態パターンであるからには、誰が描いても「太古のくらげ」のようになるしかない。

おそらく、刺胞動物のなかにあって原始的な仲間とされるヒドロ虫類の解剖学的構造を参考にし、「最も原始的で祖先的なクラゲ」として、ドゴラの基本デザインとなったであろう「太古のくらげ」が想像で描かれたのではないか。無論、詳細に調査したわけではないので、まったくこれと異なった背景があったことが後に判明するかもしれない。

希有な怪獣

ここで再び、映画の話に戻ろう。

「宇宙大怪獣」と銘打ったこのドゴラは、なぜ先カンブリア紀のクラゲと似ていなければならないのか。それを整合的に説明するいくつかの仮説があり得るだろう。ひとつは、両者が同じ祖先を共有しているために、必然として類似しているというもの。こうなると、両者の類似は偶々(たまたま)似ているというのではなく、解剖学的パターンを作り出す遺伝子プログラムを同じ祖先から受け継いでいるからこそ、同祖的なパターンを共有することになる。『マタンゴ』に関する項でも述べた通り、「祖先を同じくすることによって成立している構造の同一性」を「相同性」と呼ぶ。どうやら、ドゴラの体はクラゲと相同的なものらしい。そして、どういう経緯があったかは知らないが、原始的なクラゲのあるものが宇宙にはじき飛ばされるような過去のイベントがあり、結果として宇宙環境に適応し、大型化して地球に舞い戻ってきたのがドゴラであるという可能性。これではまるでスペースゴジラ（『ゴジラvsスペースゴジラ』〈一九九四年〉）だ。むちゃくちゃだが、筋だけは通っている。

第二の可能性は、全くの赤の他人であるにも拘わらず、単に偶々似ているのだという仮説。類縁性がないにも拘わらず、かたちや機能が似ていることを生物学では「相似性」とか「ホモプラジー」と呼ぶが、その類似性の背景には、しばしば似たような環境で似たような生態学的地位を占めてしまったが故に、半ば必然として似てしまったという解釈がなされることが多い。しかし、片や海中に、片や宇宙空間に棲息しており、似たような生態学的地位も何もあったものではない。

これに代わる第三の仮説として、多細胞動物の進化の黎明においては、単純な体の構造を安定的に作り出す発生プログラムが理論的に限られた個数のヴァリエーションしかあり得ず、両者とも同じパターンに偶然行き着いた、という解釈もあり得る。実のところ現在でも、このような進化的形態形成機構の研究はまだまだ進んでいない。

これは、多細胞生物の取りうる形態にどのような可能性の幅があるのか、そしてそれはどのように変化できるのかという、いわゆる「発生拘束」という概念に近い問題として理解されている。近い将来、進化研究の結果として、ありうべき「初期動物の普遍形態」のような理論が提出されることになるかもしれない。そうすれば、この宇宙にどのような生物が生存する可能性があるのか、正確に知ることも可能となるだろう。いずれ、ドゴラのような怪獣の理解は、一筋縄では行かないのだ。だからこその魅力なのである。

というわけで、動物学者が観察した実際のヒドロ虫の解剖学的構築を、間接的にとはいえ引き継いだドゴラは、ひょっとしたら日本発の動物学に由来するかもしれない、本格的な生物学的形態パターンを持つ初めての怪獣となった。そのような素晴らしい怪獣が、これまでたった一本の映画にしか登場していない（正確には、二〇一七年のアニメ映画『GODZILLA怪獣惑星』にもほんの一瞬顔を見せる）というのは誠に残念なことといわねばならない。

ただし、この話には後日談がある。実際のエディアカラ動物群には、ドゴラのような姿を持つクラゲの祖先は、本当はこの地球にいなかったかもしれないのだ。おそらく、のちにクラゲやサンゴなどを生み出してゆくことになる刺胞動物の何らかの祖先は、当時からすでに存在していたと考えてよいだろう。しかし、たとえいたとしても、それがドゴラのような、明瞭にヒドロ虫を思わせるような姿をしていたという保証は全くない。

じっさい、「キクロメデューサ」という、クラゲの仲間だと思われるものがこの時代から知られているが、それがどのような形をしていたのか、いまでもはっきりと分かっているわけではない。さらに、昔の教科書ではクラゲだとされることが多かった化石動物「マウソニテス」は、いまでは生痕化石（生物体そのものではなく、生物が生きていた痕跡を示す化石のこと）のひとつと説明されることが多い。[*16] 残念なことに、「太古のくらげ」は、エディアカラ動物群の原始的な刺胞動物を代表する今日的イメージとはなっていないのである。それでも私の想像上の怪獣世界では、地球に最初に生まれた多細胞動物と類縁をもつ不思議な宇宙の生き物として、ドゴラは相変わらず君臨している。

ドゴラについての残された謎

かくして、ドゴラとクラゲの生物的な関係について疑う余地はもはやほとんどないと考えるが、最後にひとつだけ問題を指摘しておく必要を感ずる。それはすなわち、「ドゴラの傘の辺縁部に発する下部触手が五本ある」という紛れもない事実だ（上方の二本の触手は無視する）。

通常、刺胞動物の放射相称パターンは四の倍数となっている。十文字クラゲの仲間や、ミズクラゲを含む通常のクラゲのように四本の触手を持つ場合や、八放サンゴ類のように、である。ところが、ドゴラの下部触手は五放射相称（正五角形のように、五分の一回転する度にもとの形と重なる対称性のこと）を示す。これはクラゲ類ではなく、むしろウニやナマコ、ヒトデなどを含む棘皮動物の成体のボディプランを象徴する数だ。この不一致が生物学的には大問題なのである。

このような矛盾に行き当たった場合には、次のように仮説を立てて考察することになる。まず、第一の仮説として、ドゴラが紛れもない棘皮動物であるという可能性。五放射相称を「動かしがたい重要な特徴」とみるわけだ。これもひとつの「拘束」だ。ただしその場合、ドゴラのクラゲ的特徴はすべて、実際のクラゲとは何の関わりもない「他人のそら似」に過ぎないことを認めなければならない。これは、あまり支持できる仮説ではない。「偶然に似てしまった」と仮定しなければならなくなるものが多すぎるからだ。このような、必要とされる作業仮説が多い学説は、「オッカムの剃刀」の原則、すなわち、「ある現象を説明するのに、最小限の仮説で済む解釈を採用すべし、できるだけシンプルに考えるべし」という、スコラ哲学に由来する原則に従って棄却される。ひとことでいうと、「無理がありすぎ」なのである。

第二の仮説は、ドゴラの五放射相称が、クラゲの仲間においてきわめて例外的な進化イベントによってもたらされた二次的な状態に過ぎないというもの。こちらの方が相対的には受け入れやすい。ただし、ドゴラがいかにして五放射相称の体を獲得したのかについての問題は相変わらず宙に浮いたままだ。それを説明するために、「ドゴラの発生では最初に八本の触手が生えるのだが、そのうちの三本が途中で消失・吸収されてしまう」ということも考えられるだろう。が、そのような現象は劇中では観察されてはいない。「ドゴラの科学」は一筋縄ではゆかないようだ。

6．憧れの宇宙大怪獣、ドゴラ　その2

「まるで動くベッド、といったところだな」

『宇宙大怪獣ドゴラ』より、見回りの警察官の台詞

ドゴラの幻想的なイメージの源泉は、紛れもなくそれが巨大であり、且つ、宙に浮いているということであり、さらにそのことによって、ドゴラが浮かんでいる空の下の街全体を、まるで深い海の底であるかのように見せているという、その奇妙な性質にある。

たとえば、北九州市上空に浮かび、若戸大橋をその触手で粉砕するシーンはどうだ。北九州市全体が深い海の底に沈み、一匹の巨大なクラゲの意のままになっているといったような、不思議な錯覚を覚えなかっただろうか。ただ単に、現実の中に異界からの使者としての怪獣が現れたというのではなく、怪獣によって人間社会それ自体が異界に連れ去られてしまったような感覚を持たなかっただろうか。このようなイメージこそが、怪獣映画の醸し出す幻想の最たるものであり、その一点においてドゴラは、たとえ映画として失敗作であったとしても、他の怪獣たちを大きく引き離している。

ドゴラのいる場所

現実世界がまるでいつもとは違って見えるという、作家・稲垣足穂の言う「プラス・アルファ感覚」がおそらくはそれに近いのだろう。経験と常識を積んでしまった大人には、もはや無理なことだろうが、子供の頃は不思議で幻想的なイメージをいとも簡単に夢に見たり、想像したりすることができたものだ。そしてそれが楽しかった。私の場合、子供の頃は現実の受容とその理解に精一杯で、その反動の如く、想像力が活性化しており、その頃に私の目の前に現れた東宝怪獣は、もっぱら映画のポスターを通じ、その後の私の自然観や科学者魂に、大きく深く影響を及ぼすことになっていたらしい。そして、紛れもなくドゴラはその最たるものだった。それを最初に惹起したのは、ひょっとしたら兵庫県の須磨にある、あの水族館ではなかったか。

六〇年代、幼い頃の私にとって、須磨海岸と須磨海浜水族館は夏の象徴であった。大きな水槽の、薄暗い水の中でじっとしている巨大なクエ *Epinephelus bruneus*（須磨海浜水族館では当時名物になっていた）であるとか、水槽を処狭しと泳ぎ回っているサメやエイの類であるとか、初めてそれらを目にしたとき、自分を取り巻くこの世界が、まさに書き換えられてゆくような感覚を覚えたものである。

あれは、おそらく夏真っ盛りの頃だったと思う。水族館から帰ってきたその晩、私は不思議な夢を見た。街中が水の底に沈み、家の前の通りをサカナが泳ぎ回っている。すぐそこの交差点に大きな白いサメがいて、そいつは地面すれすれの高さを泳ぎ、ゆっくりと向こうの方へ去っていってしまった。その感覚を言葉で伝えるのは難しい。「幻想的な異界のイメージ」というしかないが、幼い私にそのような言葉が使えた試しもない。

ミハル・アイヴァスというチェコの作家の手になる『もうひとつの街』[17]という小説があり、河出書房新社から二〇一三年に出版されたその単行本の表紙に、家々を縫ってゆったりと泳ぐサメの絵が描かれているが、強いて言うならそれがまさに私が見た夢のイメージだ。またあるときは、宇宙空間と街が一体化し、近所の公園の砂場に、直径数メートルの淡く光る土星が降りてきていることもあった。まるで、SF作家のジェームズ・グレアム・バラードが、小説に書きそうな風景である。このような夢想は、つねに自然観や科学知識と実体験の狭間に介在する。世界を知覚し、それを徐々に体系化してゆく最中の子供の脳の中では、その界面がダイナミックに相互作用していると覚しい。

ユング博士ではないが、人間は現実にはあり得ない超常的なイメージを喚起する能力を持ち、それはいくつかの定型を伴っている。それがときに、共同幻想ともなる。宙に浮く有機的な未知の巨大な物体もそのひとつであり、これをベースにさまざまな説話が誕生し、文化を形成してきた。それと同時に、個々人の独特な体験としてそれを幻視する場合もある。私の見た幻想的な夢がそれだ。その体験の背景に、小学館の図鑑の挿絵や、あの頃街のあちこちで見かけた『宇宙大怪獣ドゴラ』のポスターが影響していなかったとは言えない。いや、確実に影響していたはずだ。街中に幾つもあったし、新聞の広告に載っていたのも覚えている。

巨大な生物が宙にわだかまっているという図であれば、昔から東洋風の龍の絵が描かれることが多く（豊田有恒著『火の国のヤマトタケル』の口絵）[*18]、それは間違いなく現代のテレビモニター上に棲息する、いくつかの怪獣の住む世界とも地続きなのである。ゴジラは人類の文明に対する挑戦として現れたが、ドゴラは我々の自然観に挑戦すべく現れた。考えてみれば、ドゴラほど宇宙史の中での地球生命進化史を考えさせる怪獣もいない。

ドゴラの生物学

ドゴラが「地球生まれの宇宙大怪獣」という奇妙な存在であるとして、さて彼等はどのようにして宙に浮いているのであろうか。そして、どのようにして餌となる炭素を喰うのか。これらの問題は同じひとつの問題の両側面をなしている。

この怪獣が空に浮かぶことを説明するひとつの方法として、彼らの体の密度が極端に低いことがまず考えられるだろう。単位体積当たりの体の質量が大気よりも軽ければ、当たり前のように体は空に浮く。ただし、ドゴラは地上から石炭を大量に吸い込むので、その度に体重が増加し、加えて、石炭の吸引時に自らを地表へ向けるような力の作用を受けることになる。これを補ってあまりあるほど、ドゴラの浮力が大きいとはさすがに思えない。が、しかしそれもまた「スケール」の違いに起因する、我々の錯覚に過ぎないのかもしれない。

第二に、ドゴラが積極的に上向きの推力をつねに行使しているという仮説もあり得る。最も有力な仮説としては、「傘」の開閉によって大気を下方へ押しやり、その反作用で浮いているというものである。これは、クラゲや軟体動物頭足類（タコやイカ）が傘や外套(がいとう)膜(まく)で水を噴き出し、その反作用によって水中で推力を得る方法と同じである。つまり、実際のクラゲが上方へ移動するときと同じことを、ドゴラが常時やっているというわけだ。映画の中に登場するドゴラの動きはたしかにこの仮説を支持するようだ。が、やはりこの解釈もまた、どうやって石炭を吸い上げるのかを十分には説明しない。

あるいは、体のどこかから常時大気を噴出することによって上向きの推力を得ているという解釈もあり得る。ただし、そのような噴出口はいまのところ確認されていない。それは触手の先端にあるのかもしれないし、傘の外縁に複数開口しているのかもしれない。この力が十分に大きければ、浮かびながら石炭を吸い込むことも可能となるかもしれない。

さらに、あまりありそうもない説明として、ドゴラが別の何ものかによって、ずっと遥か上方、おそらく大気圏外から吊り下げられているという考えもありうる。つまり、ドゴラが単体の生物なのではなく、より巨大な生物の体の一部だという仮説である。無論、そのようなものもまだ発見されてはいない。が、実在するヒドロ虫の群体で、猛毒を持つことで知られるカツオノエボシ *Physalia physalis* と呼ばれる動物は、一〇センチ内外のウキブクロを作り出し、これでもって海面を漂う。

遊泳能力を持たないこの群体、カツオノエボシにとって、ウキブクロはヨットの帆のような機能も果たし、時に応じて萎(しぼ)んで海中に沈降するなど、この動物の主たる運動器官として用いられている。ドゴラが浮遊のため、水素かヘリウムが充満した風船を遥か上空の彼方に作り出し、そこからあの巨体を吊り下げているとしても、あるいは体の数カ所にそのような空気室を備えているとしても、さして驚くには当たらないのかもしれない。これに関し、前項で紹介したドイルの小説には次のような描写がある。

巨大なその怪物の上部には、あわとしか形容のできない大きなふくらみが三つあって、見ているとそのなかにはどうやらごく軽い気体がつまっているらしく、そのおかげで空気の希薄な高空でもこのみにくい軟体が浮いていられるのにちがいないと思われた。

では、ドゴラの生殖様式はどのようなものだろうか。これはちょっと難しい。というのも、ゴジラ（脊椎動物）やモスラ（節足動物）のように、生活環（もしくは「生活史」）の中で世代交代が卵を介してしか起こらない動物とは異なり、刺胞動物では一生の間に繁殖できるチャンスが数タイプ用意されているからだ。たとえば、日本の海で最も普通に見るミズクラゲ *Aurelia aurita* では、まず親が受精卵を産み落とすところで第一タイプの繁殖が起こる。この受精卵は、原始的な動物の祖先を思わせる「プラヌラ幼生」を作るが、この幼生からひとつ、もしくは複数の「ポリプ」が出来上がる。これが第二のタイプの増殖だ。このポリプそれぞれが成長し、「ストロビラ」、もしくは「スキフィストマ」と呼ばれるものになり、これが先端から断裂して複数の子クラゲ、すなわち「エフィラ」を作り出す。ここで、第三のタイプの増殖が起こるわけである。言い換えれば、クラゲの受精卵ひとつは、必ずしも一個体のクラゲに帰結しないのだ。では、ドゴラの繁殖はどうだろうか。

北九州市上空で石炭を目一杯吸収したクラゲ型ドゴラ（おそらく親だろう）は、それ自体が分裂し明滅する小型の物体を多数作り出したが、私にはあれが受精卵か、プラヌラ幼生になる前段階の胚であったような気がしてならない。

映画の中では単に「細胞分裂」と呼ばれていたが、それが「生殖」であることには変わりがない。おそらく、あれがそのまま発生を続ければ、活発に動き回る風船状の幼生となり、それがどこかに固着して子ドゴラ（エフィラに相当）を多数放出したという可能性がある。

ちなみに、繁殖期のドゴラが作り出す初期胚は蜂毒に弱く、ジバチの毒を真似て化学的に合成した薬剤に触れると結晶化し、その際、多数の死体らしきものが地上に落下した。この落下物は人を殺すほどの重量を持っていたので、やはりドゴラは積極的に上方への運動を続けることによって宙に浮くと判断するのが適切なのであろう。ただし、あの結晶構造が単に休眠卵に過ぎず、またいつでも活動を再開するという可能性も残されている。

正直なところドゴラには、人知を超えた不思議な怪獣であって欲しい。それでいて、太古の地球に棲息していた最初の多細胞動物とも何らかの繋がりを持っていて欲しい。したがって、ドゴラが宙に浮いているというのなら、それはたぶん我々の想像を遥かに超えた未知の力に依っているのであろうし、それは人類の科学などで簡単に解明できてはならないのだ。ドゴラは決して、ゴジラのような気心の知れた怪獣であってもいけない。

ドゴラは、この社会の秩序や大人の常識的理解を破壊し、日常を否定し、宇宙の神秘を一〇〇%ひっさげて人間の目の前に現れる。ドゴラはかくして、ハードボイルドな子供の幻想の導き手であり、地球の生命進化史の真の姿を垣間見せてくれる、夢の怪獣なのである。

ドゴラの未来

あれはたしか一九八七年の夏、ドゴラがひとたび私の目の前から消えてから二十数年後のこと、初めて観ることができたビデオのドゴラは、ポスターのデザインとも「太古のくらげ」とも、似ても似つかぬものだった。しかし考えてみれば、透明な体の中に、生殖巣や消化管、もしくは水管を思わせる複雑なチューブが走ったクラゲ様の精密な模型を、伸縮自在の可塑性に富んだ素材を加工して作り上げ、さらにそれを自由自在に動かすなど、どだい無理な相談である。

それでもよく見ると、ラテックスで作ったと覚しいそのクラゲ的な模型は、おそらく水槽の中で動かしていたからなのであろうが、中々味わいのある、良い動きを見せていた。ドゴラが北九州上空に浮かぶシークエンスは、思わず何度も観てしまう。これはこれで、なかなかに幻想的なイメージだと、次第に気に入るようになった。とはいえ、やはりもう少し透明感が欲しい。そして、ポスターに描かれたような幻想的な解剖学的構築が透けて見える、本物のドゴラが観たい。

そう、私にとってドゴラのイメージは、映画に出てくるあのラテックス製のドゴラではなく、小松崎画伯描くところの、透明感のある古生代クラゲの方なのだ。何度映画を観ようと、「ド

劇中のドゴラのイメージ。
『宇宙大怪獣ドゴラ』©TOHO CO., LTD.

ゴラ」と言えば、まずあの、空に浮かぶ「太古のくらげ」が先に思い浮かぶ。当時の映画ポスターにはよくあったことだが、本編にはまったく出てこないような大袈裟な場面が、文字通り誇大広告の合成イメージとして作られることがあった。ドゴラの場合は特に常軌を逸していて、広告と中味の落差が最も大きな一編として記憶されている。

とりわけ凄まじいのは、東京上空に四体のドゴラが飛び回り、その巨大な触手で東京タワーをへし折っているという合成イメージである。素晴らしく幻想的なSFイメージだ。また、DVDのジャケットにあるように、豪華客船を持ち上げている二体のドゴラを夏木陽介と藤山陽子が見上げているという絵もあれば、富士山の前で新幹線を吊り上げているドゴラの絵もある。[*11] そういえば、ドゴラの封切りは、東海道新幹線が開通した一九六四年だった。

これらの合成イメージを単に「嘘だ」というのは簡単だ。が、しかし、六〇年代のSFイメージとしてかなり素晴らしいとは思わないか。インベーダーが地球にやってきて、都市の上空にいくつもの巨大な異形の宇宙船が浮かび、触手のような武器でビルや人間を攻撃するという絵は、ようやく最近になって映像化されるようになった。が、どの映画を観ても、みな似たり寄ったり。ところが、いまから五〇年以上も前に作られた邦画において、映像化こそされなかったものの、イメージとしてそれ以上のものが提示されていたことに、もっと我々は瞠目(どうもく)して良いのではなかろうか。CG特撮が可能になったいま、新しいシナリオで真っ先にリメイクするべき怪獣映画は、なにはともあれ『宇宙大怪獣ドゴラ』だと思うのだが。

第五章　ウルトラ怪獣形態学

——比較形態学と進化的考察——

1. エリマキ怪獣の系譜

本書が怪獣をネタに比較形態学を語ることを旨としている以上、やはり『ウルトラシリーズ』に登場する、いわゆる「ウルトラ怪獣」についても触れるべきだろう。まずエリマキ怪獣ジラースから（『ウルトラマン』第一〇話「謎の恐竜基地」）。

これは、ゴジラの着ぐるみに襟を付けたデザインの爬虫類的怪獣で、ウルトラマンがこの襟をむしり取った瞬間、「ゴジラ対ウルトラマン」の戦いが実現することになった。それを観た当時の子供達（自分も含める）がかなり興奮していたことを思い出す。

このジラース、二階堂教授（演・森幹太）がネス湖から持ち帰り、一五年間北山湖でこっそり育てたものという設定だ（したがってタイトルは、「謎の恐竜研究所」の方がよかったと思う）。ゴジラの初期の設定が、恐竜の蘇り（よみがえり）であったことが影響しているものと思われる。

「ジラース」という名称も、「ゴジラ」をもじったものと見て間違いはないだろう。が、その一方で、エリマキのような構造が恐竜類に発達しうるかどうか、それはちょっと問題である。映画『ジュラシック・パーク』においては、ディロフォサウルスがエリマキを広げて威嚇するシーンがあるが、あれとてちゃんとした根拠があってやっているわけではない。無論、トリ以外の恐竜はすでに絶滅してしまっているので、軟部組織に関して確たることは言えないのだが、唯一根拠になりそうなことは、獣脚類恐竜から発した鳥類が、この種の構造を持っていないという事実であり、そのことからおそらく、他の恐竜にも「襟」が発達することはなかったのではないかと筆者は考えている。

このように、系統的に動物進化の方向に制約がかかっている状態を、系統的「発生拘束」と呼ぶ。[*1]「脊椎動物の祖先が二対の対鰭(ついき)しか持たなかったために、いまでも四本以上の手足を持てない」といったような、発生機構の性質に由来する制約、もしくはバイアスのことである。いうまでもなく、このような拘束があるからこそ、特定のグループに属する動物は、みな同じパターンを共有しているのである。

ジラースのエリマキのヒントになったのは、おそらく現実のエリマキトカゲに見る同様の構造であろう。これは「舌骨弓(ぜつこつきゆう)」という、胚の時期にできる二番目の鰓(えら)のような構造(あるいは第二咽頭弓(いんとうきゆう))が、発生上大きく後方へ膜状に広がり、その中にできた筋肉が膜を開閉することによって敵を驚かすようになっているのである(これがあまり広がっていないのが、たとえばアゴヒゲトカゲの「ヒゲ」の部分ということになる)。

脊椎動物の胚に、つねにサカナの鰓と同等の「咽頭弓」が現れる。舌骨弓の中のこの筋は、我々の顔面を動かす「表情筋」（顔面神経によって支配される）と似たもので、トカゲやトリの仲間では、このような表層の筋が、顎から頸にかけての領域にしか存在しない。いわば、我々の広頸筋と似た浅頸筋しかない。おそらく、エリマキトカゲの襟を動かす筋も、顔面神経によって支配される浅頸筋の変形したものであろう。

襟の形態学的構造

では、ジラースの襟はどうか？　あれは、はたしてエリマキトカゲの襟と同じものだろうか。ならば、ジラースは恐竜よりも、アガマ科のトカゲの巨大化したものと見た方がよいのか。

おそらくそうではあるまい。エリマキトカゲの襟を見ると、それは背側で割れていて、腹側で左右が繋がっている。つまり、「よだれかけ」のようなかたちを持っている。これこそ、この襟が発生上、鰓のひとつから分化したことを如実に示しているのである（鰓は腹方に向かってアーチをなす――我々の左右の下顎が頭の下で繋がっているのと同じ理屈だ）。

エリマキトカゲ。エリは腹側でつながり背側で割れている。
Photo/Dwi Yulianto / EyeEm/Getty Images

逆に、鰓からできた構造は、その元々の形の故に、「背側で繋がる」ことはできない[*2・3]。ところが、ジラースの襟は背側で繋がり、腹側で割れている。つまり、エリマキトカゲの襟とは上下逆のパターンなのである。ここ、大事なポイントなので間違えないように。

このことは、ジラースのこの構造が「エリマキトカゲの襟と、形態学的に相同なものではない」、そしてひょっとすると「鰓から出来たものではない」という可能性を強く示唆するのである。ではそれは一体何なのか。

ドラマを観る限り、ジラースが襟を開閉する様子は見られない。ならば、それは筋をもたない不動の構造であるかもしれず、ただの皮骨性の突起の間に、皮膚の膜が張っただけのものなのかもしれない。少なくとも、このような構造は既知の四肢動物には知られていないので、これがジラースの系統にだけ生じた「新形成物（進化的新規形態とも言う）」である可能性もある。[*1] つまり、進化的にいきなり新しく現れた、祖先の特定の構造に由来しない特別なものだったかもしれない。言い換えれば、これに相当するものが他の動物には存在しないということである。

このようなタイプの進化は、脊椎動物の中でもたまに生ずることがある。たとえば、魚竜（イクチオザウルス）やハクジラ類の仲間に見られる「背ビレ」などは、祖先に存在しなかった新しい構造物である。とすると、ウルトラマンはただ恐竜の生き残りを倒しただけではなく、脊椎動物全体の進化史の中で他には類を見ない、きわめて珍しい構造物を獲得した唯一無二の動物種を絶滅させてしまったということになるのかもしれない。

ちなみに、「ウラン怪獣ガボラ」（『ウルトラマン』第九話「電光石火作戦」）は、ジラースに輪をかけてわけの分からない「襟」を持っている。なにしろこれは、前方に折れ曲がって頭部全体を隠すのである。陸上脊椎動物の頸部（けいぶ）に突起状の構造ができ、二次的にいろいろな形と機能を獲得することはあるが、基本的にそれは後方へ向かって伸びるものであり、「前方に折れ曲がる」ということはない。この構造の正体と起源もまた、謎というよりない。

2. ケンタウルス型怪獣の系譜

次の考察対象はドドンゴである（『ウルトラマン』第二二話『ミイラの叫び』）。ドドンゴを観ていた五歳の息子が「モスラの声だ」というので調べてみたら、まさにその通り、ドドンゴの啼き声はモスラの声を細工したものであった。私自身が子供の頃に、このドラマを最初に観たとき、最初に掘り出された類人猿様ミイラがもう怖くて怖くて堪らなかったのだが、わざわざ遺跡を人間が掘り返して、蘇った生物たちを殺してしまうのだから、あらためて考えてみると不条理で不憫な話ではある。

ドドンゴは四足歩行のウマのような怪獣だが、歯の数は標準的な哺乳類のそれを上回る。しかもそれは同型歯なので、爬虫類のようにも見える。問題は頸部に突出している一対の突起である。どうやらこれは「前肢」のようであり、よく見るとたしかに動いている。ならば、この怪獣には合計三対の「肢」があることになり、脊椎動物の基本的ボディプランを逸脱していることになる。これは、ペガサスとかギリシャ神話のケンタウルスとか、あるいはカラス天狗のような空想上の生物、さもなければ我々脊椎動物とは別系統の生物と見た方が良さそうだ。これと同じ系統に属する可能性があるのが高原竜ヒドラ（『ウルトラマン』第二〇話『恐怖のルート87』)である。ヒドラもまた、腕とは別に翼を持つ。

体のパーツは何対か

しかし、話はそう簡単ではない。ドドンゴと一緒に埋もれていたミイラは、ちゃんとした脊椎動物型の解剖学的構築を示し、しかも霊長類に分類されるべき特徴を備えているようにも見えるのだ。その一方で、両者とも目から怪光線を出すという特徴を共有しているのだから、その点については、祖先を同じくしているようにも見え、わけが分からなくなる。

思えば、これと同じ状況を映画『アバター』(Avatar 二〇〇九年)における惑星パンドラの動物群に見ることができる。彼らはおしなべて三対の肢と、二対の眼球を持つのである。このパターン、つまり「パンドラ動物群のボディプラン」は、パンドラにおける哺乳類的動物にも、翼竜的動物にも、等しく共有されている。おそらく、パンドラに棲息(せいそく)する魚類的動物にも、三対の対鰭と二対の眼が存在するのであろう。これがこの惑星に生じた動物進化における「拘束」、つまり一種のルールであり、共通祖先に成立したこの基本型が進化的多様化の果てでもまだ消えずに残っているのだと解釈できる。ちょうど、地球における陸上脊椎動物が基本的に二対の肢をもつように。

ところが一方で、このようなパンドラ動物群と同じ祖先を共有しているはずのヒューマノイド「ナヴィ」はというと、二対の肢と一対の眼しか持たず、一見、地球の脊椎動物にしか見えないのである（そのおかげで人類は彼らと神経結合できるのではあるが）。これははたして、一種の系統特異的な退化の結果と見るべきなのか。同様に、ドドンゴと同じ遺跡から発掘されたミイラも、進化の果てに一対の肢を失った特殊な系統に属すると考えるべきなのか。これについては、まだまだ研究の余地がありそうだ。

ドドンゴに似ているようで、よく見るとそれどころではない怪獣が『ウルトラマンA』（一九七二年）に登場した超獣ブロッケン（第六話「変身超獣の謎を追え！」）。これは宇宙怪獣とワニのハイブリッドという設定で、四肢に加えて一対の腕を持つ。しかも両手が顔になっており、二股の尾を持つという点でキングギドラとも共通点を持つ。顔はドドンゴに多少似るが、水牛を思わせる角を持ち、鼻から火炎を吐き、二本の尾の先端から怪光線を出すという、ホンマ賑やかで景気のいい怪獣である。それだけに、ウルトラギロチンで殺されるシーンも、物凄く派手だった。

というわけで、とても本書で解説できるような代物ではないのだが、私があまりに気に入っている怪獣（正しくは超獣）だもので、思わずここに書かずにはおれなかったのだ。

どれぐらいブロッケンが好きかといって、神戸メリケンパークにこの怪獣が出現する小説（未発表）を書いてしまったぐらい好きなのだ。ただ、それだけ。別に、生物学的に面白いわけじゃない。そもそも異次元人ヤプールの作るモンスターなんかに、「ボディプラン」など言っても仕方ない。少しでもワニに似ているところがあったらお慰み、その他変テコな部分は全部、地球の生物進化とは別の（なんでもアリの）宇宙怪獣に由来していると考えるしかない。

ただ、この三対の肢を持つケンタウルス型ボディプランが、モンスター業界でそこそこ人気があるということは認識しておいてもよいだろう。これは脊椎動物のボディプランをベースにし、対肢発生プログラム（つまり、手足を作り出すための発生機構）が重複したもののようで、これをどのように発生プログラムに組み込めるのか、興味深いところではある。何とかまとまった。

付記

他にも、四次元怪獣ブルトン（『ウルトラマン』第一七話「無限へのパスポート」）がホヤに似ているとか、『ウルトラセブン』（一九六七年）に登場したエレキング（第三話「湖のひみつ」）の模様がホルスタインのようだとか、考えることは色々あるのだが、そこまで行くともうこれは怪獣デザイナーの発想の原点を掘り返すようで、どうも本書で議論すべき趣旨とは別の方向へ行ってしまいそうな気がする。おそらく、「この世にはこんな怪獣がいても良い気がする」という動機で案出された怪獣と、「こんな怪獣を出したらどんなもんだろう」というのは、少し違うのだろう。当たり前の自然観の中から浮かび上がってきた怪獣は、おそらく存在感がひと味違うのだ。その存在感は、おそらく動物分類学を成立させているセンスの延長線上にあるものなのだろうと思う。

3. セミ人間

「ほら、バイオリンのでっかいんで、ほら、何とかって言ったなぁ。あるじゃねぇか、こんな……こんなでっかいの」

「バイオリンみたいな……、ギターかな？」

「ギターじゃねぇんだなぁ、ほら何……ったく、ギターじゃねぇんだなぁ……」

「このぐらいですか？」

「あーと、それ……」

「チェロ！」

「おう、それ！　そのケース、持ってたんだよ」


『ウルトラQ』第一六話「ガラモンの逆襲」トラック運転手・牛山（演・沼田曜一）、戸川一平（演・西條康彦）、万城目淳（演・佐原健二）らのやりとり

『ウルトラQ』に登場したモンスターのうちで、最も気に入っているものをひとつあげよと言われたら、迷うことなくセミ人間（「ガラモンの逆襲」）をあげる。かの地球侵略用巨大

ロボット、ガラモンを操る宇宙人である。もう、セミ人間が好きで好きでたまらず、市販のフィギュアを買い集めるだけでは飽き足らず、ブロッケンと同様、個人的にセミ人間の登場する中編小説まで書いてしまったぐらいだ（未発表）。で、私は彼らのことを勝手に「チルソニア星人」と呼んでいるのだが、それが正式の呼称であったのかよく分からない。しかし、彼らの星は「チルソニア遊星」と言うらしいので、たぶんそれが正しいのであろう。一体、セミ人間のどこに惚れてしまったのか。

チルソニア星人は、突如として私の人生に侵入してきた。さっきまで人間だと思っていた男が、じつは宇宙人の変身した姿だったのだ。銃で撃たれたショックでその本来の姿を現すのである。その頭部がもろに「セミ」なのだ。彼はおそらく特殊工作員か何かで、ガラモンを操る「電子頭脳」（センス・オブ・ワンダー溢れる、何と素晴らしい響きだろう）をチェロのケースに入れて持ち歩くのが仕事で、ついに人間に発見され、任務に失敗したために、母船から発射された熱線で焼き殺される。その場面が残酷で、それを観た幼い私はかなり鮮烈にショックを受けた。が、それ以上に、せっかく現れてくれたチルソニア星人があっという間に死んでしまったことが、私としては非常に残念だった。

チルソニア星人は、熱線を浴びたときのみ「キー、キー」と悲愴な声を出すが、この声

クマゼミ。2014年夏、私の職場に来たクマゼミ。あの夏はとりわけ暑かった。

はいまや昆虫型怪獣の定番といってよいかもしれない。モスラ（成虫と幼虫の両方）や、ドドンゴや、『怪奇大作戦』に登場したチラス菌を身につけたオオミズアオの仲間（第二話「人喰い蛾」）が同系統の声を出す。

普段は啼かない昆虫が、例外的にパニックになったときだけ声を出すというのは、実際にメンガタスズメやオオシモフリスズメのような蛾の仲間にも見られることで、昆虫型の

チルソニア人がそれをやってもたしかに違和感はない。希望と行き場を失った宇宙人の断末魔として、あの声は相応しいかもしれない。が、チルソニア人の宇宙船から発射される熱線砲の、「ギィイイ……」という、耳障りな金属音の方が、実際のセミの啼き声に似ていると、いまにして思わないでもない。同時に、この金属音が情け容赦のないチルソニア星人の掟（おきて）を象徴しているのもまた、たしかなことではある。

チルソニア星人の類縁を考証する

とにかく発想が素晴らしいではないか。いまも昔も、昆虫採集をする子供にとって最も身近な昆虫はセミである。それが人間サイズになって、しかも宇宙人であるとは……。

夏休みになる度に、子供たちが数え切れないほどセミを捕まえて慰み物にするから、彼らは逆襲に転じたのか。私にそんな罪悪感があったのかどうか、何だか知らないがとにかく、このデザインに私は心底痺れてしまった。たぶん、いつも見慣れているヤツが、思いもかけない姿で登場したことに感激したのだろう。しかも、当時はモノクロ映像だから、なおさらそれがリアルに見えたのである。それまで、漫画やアメリカのドラマや映画で見知っていた宇宙人とは異なる、真に説得力のある宇宙人がついに目の前に現れたのである。

セミ人間が登場する唯一のエピソード、「ガラモンの逆襲」が放映されたあの日、一九六六年四月一七日（日）午後七時二五分頃の感激を、私はきっと死ぬまで忘れることはないだろう。それは、映画館で観た『モスラ対ゴジラ』において、倉田浜の干拓地からゴジラが現れたあの瞬間に勝るとも劣らないほどの感動であった。

あらためてＤＶＤで観ると、このエピソードにゲスト出演していたトラック運転手役の沼田曜一の演技が特に光っている。残念ながらもう亡くなられてしまったが、当時の子供たちにしてみれば心底恐ろしく、印象的で存在感のある悪役を確実に演じてくれる有り難い存在だった。『リング』（一九九八年）にも出演した、もと新東宝の個性派俳優である。

みなさんよくご存じの通り、チルソニア星人は、ウルトラマンの永遠のライバル、バルタン星人（第二話「侵略者を撃て」）の原型でもある。たしかにバルタン星人も素晴らしい造形なのだが、私はチルソニア星人の方がシンプルで好みだ。何より本物の昆虫に近い、生物学的にリアルな形態がいい。その点、バルタン星人にはいろいろと余計な構造物が付随しすぎている。いずれにせよ、両者の類似性は明らかで、どういう設定か定かではないが、乗っている宇宙船も同型のものなので、たぶん進化的にも文明の歴史においても類縁関係があるのだということにしておく。いわば、『スタートレック』における、ロミュラン人とバルカン人のようなものか。あるいは、バルタン星人とチルソニア星人がまったく同じ種族の二型を示すという可能性もある。

たとえば、「バルタン星人がオスで、チルソニア星人がメス」だという可能性はどうか。つまり、「性的二型」である。じっさい、セミの雌は啼かないので、これは結構信憑性があると思うのだが（注）。あるいは、バルタン星人の外観が「鎧」を着た状態だというのはどうだ。映画『エイリアン』（Alien　一九七九年）の前日譚である『プロメテウス』（Prometheus

二〇二二年）に登場したエンジニアが、まるで外骨格のように見える宇宙航行用装甲を装着していたが、バルタン星人の頭部の突起とか、ハサミとかも、彼らの体の一部ではなく、戦闘用装甲なのかもしれない。

だいたい、高度な文明を持つ宇宙人が、あのように無骨なハサミを持つというのは妙だ。おそらく、装甲を脱がすと、チルソニア星人の体が現れるのではなかろうか。バルタン星人のハサミはとりわけ謎の構造だが、あれは武器の一種なのかもしれない。じっさい、そこから何か重力波のようなものが発射され、ウルトラマンを苦しめていたことがあった。で、そのハサミの中に本物の指とか触手とかが隠れているのだと思うようにしている。

注：バルタン星人のあの「フォッフォッフォッ……」という啼き声は、もともと東宝映画の『マタンゴ』に出てくるキノコの化け物の声であり、それが『ウルトラQ』のケムール人に用いられた後、『ウルトラマン』におけるバルタン星人の声となり、結局それが最も有名になってしまった。バルタン星人の人気がそれほど高かったということなのだろう。ところで当時、私の家にはソニー社製のばかでかいオープンリール式テープレコーダーがあり、父親に頼んで『ウルトラQ』第八話「甘い蜜の恐怖」を録音して貰ったりしていたが、使い方を覚えると自分でいろいろなことを試して遊ぶよう

になった。で、そのテープレコーダーには、再生速度や録音速度を変換するスイッチが付いていて、自分の笑い声を録音してからスロー再生で聞くとかなりバルタン星人の声に近くなり、喜んで人に聞かせ回った記憶がある。

チルソニア星人はまた、他の宇宙人ともいろいろ関係しているらしく、『ウルトラセブン』に登場したワイアール星人（第二話「緑の恐怖」）も、チルソニア星人と同じく「チルソナイト８０８（ハチマルハチ）」と呼ばれる特殊合金を使用している。しかも、ウルトラセブンであるところのモロボシ・ダン（演・森次晃嗣）は、それが「ワイアール星から産出する」と明言していたので、これがチルソニア星に輸出されたということはありうる。

『ウルトラQ』に登場する一の谷博士によれば、チルソナイトは非常な高温で溶解された珪酸アルミニウムの一種で、何だか知らないが非常に優れた特性を持つという。たぶん、耐熱性とか、硬度のことだろう。そして、それは地球上ではリビア砂漠で最初に発見されたという設定なのである。

ついでに、DVD版『総天然色ウルトラQ』の解説によると、チルソニア星人とバルタン星人が共通して用いている円盤は、メフィラス星人（『ウルトラマン』第三三話「禁じられた言葉」）も使っているらしい。[*4] ところが、メフィラス星人はそれを上下逆さまにして乗るという、実に器用なことをやっていて、ちょっと見には同じ宇宙船だとは気が付かない。おそらくメフィラス星人はケチで、「メイド・イン・チルソニア」の中古の円盤を買ってはみたのだが（じっさい、その円盤はかなりくたびれている）、昆虫型宇宙人仕様の円盤はそのままの状態では使うことができず、改造するうちに逆さまになってしまったとかいうようなことがあったのだろうと、勝手に解釈することにしている。

4. 1／8計画

「淳ちゃんも、一平君も、小さくなったのね。良かった。良かったわ。あたしもう、寂しくなんてないわ」

「由利ちゃん、何言ってんだ？」

「はじめっから悲しむことなんてなかったんだわ。だって、みんなが小さくなれば、結局は同じことだったんですものね。でも、良かった。良かったわ」


『ウルトラQ』第一七話「1／8計画」江戸川由利子（演・桜井浩子）、万城目淳（演・佐原健二）、戸川一平（演・西條康彦）のやりとり

本書はSF・怪獣映画やドラマを科学的に考証するスタイルで書かれているが、そういった作品が多く作られていた時代背景や、社会の状況を振り返ってみることにも意味があるかもしれない。

『ウルトラQ』の第一七話「1／8計画」は、人間のサイズを八分の一に縮小し、資源を五〇〇倍に活用することによって人口問題に対処しようとする未来の政策を描いた、高度

経済成長期にあった当時の過密都市東京に似つかわしいエピソードである。これと似たプロットの映画が最近ハリウッドで作られた（『ダウンサイズ』〈Downsizing 二〇一七年〉）。「1／8計画」では、縮小された人々には「S13地区」と呼ばれる特別の居住区画が用意され、そこで暮らす限り労働の義務をはじめとする国民の三大義務が免除される。つまり、人は好きな研究や芸術にいそしんだり、小説を書いたりして人生を楽しめばいい。趣味のやり放題である。しかも、何人でも子供を産むことができ、お産の費用はすべて無料。「まさに、楽園だ」というのが、その謳い文句になっている。

しかし、そこが徹底した管理社会であることもまた事実であり、人々は固有の氏名の放棄を余儀なくされ、全員が「通し番号」で呼ばれるのである。予想されるように、この地区では社会主義の権化のような「民生委員」が幅を利かせており、その理由で私の苦手な作品となっている。子供には社会の仕組みやイデオロギーなど理解できないだろうとお思いかもしれないが、このドラマをリアルタイムで観ていた私は、ある種の「胡散臭さ」をそこに確実に嗅ぎ取っていた。

この作品では特撮ドラマの中でもあまり例を見ない、興味深い試みがいくつかなされている。というのも、巨大な怪獣を表現するために、ミニチュアの町を作製するのは普通だが、ここでは話が逆で、縮小された人間や町を表現するために、セットが作られている。つまり、スケールが逆転しているわけだ。結果、間違って縮小された、腕利き新聞記者の由利子を捜しに、淳と一平がミニチュアサイズのS13地区を訪れるのである。すると、当然のことながら、普通のサイズの人間である淳と一平が、怪獣か巨人のように見えてくる。逆に、縮小された由利子が、正常世界を訪れると、すべてが「巨人の国」のように相対的に大きくなっているシーンもある（一九六八年から一九七〇年にかけて放映されたアメリカのTVドラマ、『巨人の惑星〈Land of The Giants〉』が同様の設定）。これはもちろん、合成だけではなく、実際に鉛筆や電話を大きく作って撮影しているわけだ。こうなるともう、「小道具」などとは言っていられない。

これと同じトリックは、『モスラ対ゴジラ』や『三大怪獣 地球最大の決戦』でも用いられた。インファント島からの小美人（演・ザ・ピーナッツ）が、人間のホテルに潜入するシーンである。これに限らず、小美人の出るシーンには、つねに大がかりな撮影セットが必要になる。「小さい場所を表現する」と言っても、それを撮影する苦労が小さくなるわけではない。つまり、二種類のスケールセットでサイズの違いを表現した「1／8計画」は、『ウルトラQ』すべてのエピソードの中にあって、かなり贅沢な特撮ドラマであったと言わねばならない。

効率化されたユートピアは成立しない

このドラマにはひときわ陰鬱で、抑圧された印象が付随しており、それが理由で、私にとっては観ていてちょっと辛いドラマでもあった。白状すると、いまでもスキップしてしまいたくなるエピソードだ。間違って縮小されてしまった由利子は、視聴者の多くと同様、このような管理社会には徹底して抵抗を示さずにはおれない、自立心の強い女性であり、たとえ多少不自由であっても、苦労をしても、自分の信念と夢と自由を希求して止まないといったところがある。本来人間とは、そういった存在だろう。だからこそ、目の前に巨大なカメラが置かれるシーンで、彼女は愕然(がくぜん)とするのである。それは、由利子の持ち物で、最早仕事をする必要のなくなった彼女には無用の長物とされたわけである。

S13地区から命からがら逃亡を図った由利子は、途中で修道尼に助けられる。宗教も救うことのできない人間性の疎外がそこに見えている。このドラマには、効率化のためにすべてを均一化し、あらゆる個性を抑圧し、ひとつの制度の中にすべての個人を押し込めてしまおうとする愚直なユートピア思想に対する辛辣な揶揄(やゆ)がある。が、必ずしもそれだけがこのエピソードのメッセージというわけではないらしい。むしろ、特撮重視の実験作だったのかもしれず、「もし、人間社会がこのようになったら」という思考実験であったかもしれない。そういう意味ではたしかに面白い。

五〇年代のアメリカSF映画に『縮みゆく人間』(The Incredible Shrinking Man 一九五七年)という、社会問題とは無縁の映画があり、そこでは、ある事故で日に日にサイズが小さくなってゆく人間が描かれていた。これもおそらく純粋に特撮を楽しむための映画であり、エンディングらしいエンディングはそこにはない。あるいは、一般的な意味で問題は決して解決しない。最終的に分子大のサイズにまで縮んでしまった主人公、スコット・ケアリー(演・グラント・ウィリアムズ)の、「宇宙全体から見れば、人間は皆微小な存在ではないか。そう考えれば、小さくなった自分を嘆くこともない」という意味のモノローグで話が終わる(注)。

いうまでもなくこの台詞はただのカラ元気に過ぎず、「結末」などと呼べたような代物ではない。人間は社会の中で他者と正常なコミュニケーションができて初めて人間なのだ。冒頭に引用したように、「1/8計画」の由利子にはそれがちゃんと分かっている。とはいえ、中途半端なエンディングに関しては、「1/8計画」も似たようなもので、結局すべては、階段から落ちて気を失った由利子が病院で見ていた夢に過ぎなかったというオチなのであった。

注：本編の字幕は以下の通り。
宇宙には無数の世界が存在する　神は夜空を銀色の絨毯で覆った　そして　その瞬間に無限の正体を理解できた　人々の世界は限られた範囲のものでしかないのだ　私の周りの自然…それには誕生と終焉があるが―それは人の概念であって事実ではない　体が小さくなるのを感じる　溶けて行く消えてしまう　恐怖心など消えて全てを受け入れている　この偉大な創造物である世界　その存在には意味がある　そして私の存在にも…そう　こんな小さな私にもだ　神の下に無意味なものは無い私はまだ存在する。

あとがきにかえて ——設計（エンジニアリング）されるモンスター——

「君には、僕の遺伝子も少し混ぜてあるんだよ」
映画『ブレードランナー』J・F・セバスチャン（演・ウィリアム・サンダーソン）の台詞より。

映画『エイリアン：コヴェナント』（Alien: Covenant 二〇一七年）、『ブレードランナー2049』（Blade Runner 2049 二〇一七年）、『スプライス』（Splice 二〇〇九年）そして『シン・ゴジラ』に共通する一点は何かというと、そのどれもが「誰かが、ジェネティック・エンジニアリングによって、生物を作り出す話」だということだ（ここに、『バイオハザード〈Resident Evil〉』シリーズ〈二〇〇二～一六年〉や『ランペイジ 巨獣大乱闘』〈Rampage 二〇一八年〉を加えるべきかどうか微妙なところだ）。私がこの手の映画をよく観ているということも手伝ってはいるのだろうが、一〇年ほど前から、この「フランケンシュタイン博士の末裔」とも言うべき、生命創造に関する映画が妙に増加しているという印象がぬぐえない。以前は、前人未踏の地で人知れず暮らしていたモンスターが発見されたとか、さもなければ、何かのアクシデントでモンスターが生まれてしまったというパターンが多かった。

たとえば、一九五四年の『ゴジラ』は、水爆実験によって出来てしまったモンスターであり、そこが牧博士によって作られたという設定（かもしれない）の『シン・ゴジラ』とは異なっている。このような、放射能が巨大不明怪獣を生んでしまうという事故は、日米のSF映画世界でことのほか多く起こっているが、現実世界でそんなことが起こったためしはない。アクシデントが予想不可能なモンスターを作ってしまうというなら、八〇年代にリメイクされたデヴィッド・クローネンバーグ監督の『ザ・フライ』（The Fly 一九八六年）でもそうだ。この映画の主人公であるセス・ブランドル博士（演・ジェフ・ゴールドブラム）は、自ら「蠅男（はえ）」になろうとしたのではなく、不測の事態でハエのゲノムを取り込んだ結果として変身することになった。他にもこういった、「そんなつもりじゃなかった」タイプのモンスターはかなりいる。八〇年代ホラー映画へのオマージュとして製作された『スリザー』（Slither 二〇〇六年）などはその典型例というべきであり、モンスターのハチヤメチャ振りが、良い意味で常軌を逸していた。その「予想不可能性」は時としてとんでもない結果となり、観客はそれを喜んで観ていたわけである。

しかし、先述した最近流行りのSF（＋ホラー）映画では、何らかのエンジニアリングによって、計画的にモンスターを作るという物語がとみに増えている。これは以前には見られなかった傾向だろう。それが最初にあげたレプリカント的モンスターなのであり、ここには『ロボコップ』（RoboCop　一九八七年）や、『ターミネーター』（The Terminator　一九八四年）に見るサイボーグ、もしくは人間と同等か、それ以上の機能を持った精巧なロボットまで含めることができるのかもしれない。『アイ，ロボット』（I, Robot　二〇〇四年）や『エクス・マキナ』（Ex_Machina　二〇一五年）に登場した人造人間がそれだろう。いずれにせよ、この傾向の端緒はやはり、『ブレードランナー』あたりに求められるのだろう。そして、それが現在観る映画では明確に、遺伝子操作によるバイオエンジニアリングか、さもなければ究極のロボット工学という形でなされている。

SF映画発達史においては、実際の科学の進歩と共に実現不可能な夢のテクノロジーが発見され、定義されてゆく。「ワープ航法」が実現不可能な夢のテクノロジーとされるのは、相対性理論によって光速を超えられないと分かっているからであり、この理論なくしては「ワープ航法」という技も思いつくことはできなかった（ハワード・フィリップス・ラヴクラフトの作品世界では、アインシュタインを超える科学を持った宇宙人が登場し、地球人を蹂躙（じゅうりん）するのだが）。だとすれば、遺伝子を好きなように編集して、目的のモンスターを作ってしまうという発想もまた、ある意味、現実の生物学がその手前の段階にまで発達してきたことの証しであり、いわゆる「生命の設計」がいまのところ実現不可能と思われる状況があってこそのものなのである。逆に、その「不可能の認識」が科学を推進するパトスの源泉でもあり、SF小説を思いつかせるものの正体であり、その同じ理由で科学者はたいてい、SFが大好きなのである。

もちろん、「遺伝子をあれやこれやいじくって生物の形をデザインする」という発想は、「特定の形を作る特定の遺伝子（制御ネットワーク）がある」という常識があって初めて言える。コンセプトとして長く存在はしていても、それがテクノロジーとして現実味を帯びたのは九〇年代も間近になっていた頃だったと思う。

たとえば、一九八〇年代の終わり、私は米国に留学中だったが、当時はようやく普及し始めた「パソコン」でもって、分子生物学者や遺伝学者達が遺伝子の塩基配列やアミノ酸配列を比較し始めた頃でもあった。そして、動物の解剖学的構築の背景に遺伝子の機能が潜んでいるという考えも、まだ現実味の伴わない仮説でしかなかった。無論、特定の形態パターンを作り出す遺伝子の存在は知られていた。が、まだその数は少なかった。

私の研究は比較形態学を背景としていたのだが、上の階で研究していたインド人の友人が、「君が興味を持っている骨格のパターンだって、それを作り出す遺伝子の作用で出来ているに違いないんだ」と、わざわざ口に出して言っていたのをいまでも覚えている。理屈としてはそうだろうと誰もが考えていたが、実感を伴った仮説として言うにははばかられるような雰囲気が当時はまだあったと記憶している。これが一九九〇年代になるとそれは、「DNAという一次元情報がいかにして、我々の体という三次元のパターンに帰結するか」という言い回しに変化したが、いまから思えば、それを実感できていた研究者もあまりいなかったのではなかったか。現在はというと、そのコンセプト自体があまりに当たり前にすぎ、もはや誰も口にしなくなっている。

当時といまを比べても、「遺伝子」という概念それ自体に大きな違いはない。が、それがどのように働き、どのように形態形成に作用するかについての細胞生物学的な理解は大きく飛躍した。だからこそ、「いまでも分からないこと」、「いまでもできないこと」が逆に明確に意識されるようになったのである。それはいわば、物理学において時空の性質がよりよく理解されるに及び、その分だけ「光速の壁」がはっきりと目の前に立ちはだかってきたのと同じ現象だ。だからこその「ワープ航法」であり、「ジェネティック・エンジニアリング」なのである。

いま、生物学者の前に立ちはだかっているのは、現象の複雑さと精妙さと、そして何より「数の多さ」である。それは、我々のゲノムを構成するDNAの塩基対の数のことではない。そんなものは、人間の体を作り出しているパターンの持つ複雑さと比べればものの数ではない。むしろ、DNAの情報がいかにして特定のパターンに間違いなく帰結するかという、現象自体の示すとてつもない複雑さなのである。一見、放散するように見えながら、確実に特定の範囲の「予想可能な形」に収束する。しかもそれは現実には、厳密な意味での「エンジニアリング」ではなく、進化を通じて成立してきた、何か不可解なものである。だからこそ、そこに設計思想が見えないのである。設計思想のない現象をエンジニアリングの発想で理解し、それを通じてその「技」（物理学における「ワープ航法」に相当する）を手にしようとしているのである。

その技術に「ジェネティック・デザイニング」という呼称を初めて与えたSF映画はおそらく『ブレードランナー』であったと思う。タイレル社で働くJ・F・セバスチャン

（演・ウィリアム・サンダーソン）の仕事である。おそらくいまとなっては「ジェネティック・エンジニアリング」と呼ぶ方が適切であろう。『エイリアン』の前日譚、『プロメテウス』においては、なんと、異星人が遠い昔、自らのＤＮＡを材料に人間を「エンジニアリング」したという設定となっている。このＳＦ世界では、我々人類もまた、エンジニアリングされるべきモンスターなのであるらしい。

本書の執筆においても多くの方々のお世話になった。とりわけ、コメントを頂いた倉永英里奈、平沢達矢、入江直樹、上坂将弘、香曽我部隆裕、小藪大輔、西尾香苗、太田欽也、細馬宏通、重谷安代の諸氏には深く感謝申し上げたい。ＳＦ映画に関する記述、科学考証の正確さについて誤記がある可能性はつねにつきまとい、彼らの助言なしには、本書の執筆は叶わなかっただろう。最後になったが、本書執筆期間を通じ、根気よく私を励まして下さった集英社インターナショナルの小峰和徳さんには、深くお礼申し上げたい。

二〇一九年八月　神戸にて

著者

主要参考文献

第一章

＊1 倉谷滋『ゴジラ幻論 日本産怪獣類の一般と個別の博物誌』工作舎 二〇一七年

＊2 『ニュートン別冊 ビジュアル恐竜事典』ニュートンプレス 二〇一六年

＊3 倉谷滋『個体発生は進化をくりかえすのか（岩波科学ライブラリー１０８）』岩波書店 二〇〇五年

＊4 Baron MG et al. (2017). A New Hypothesis of Dinosaur Relationships and Early Dinosaur Evolution. Nature 543 (7646), 501-506.

＊5 Bell, P. R., Campione, N. E., Persons, W. S., Currie, P. J., Larson, P. L., Tanke, D. H., & Bakker, R. T. (2017). Tyrannosauroid integument reveals conflicting patterns of gigantism and feather evolution. Biology Letters, 13 (6), 20170092.

＊6 『講談社のディズニー絵本 白雪姫』所収「みっきーのねずみたいじ」花野原芳明 講談社 一九六〇年

＊7 佐藤たまき 『フタバスズキリュウ もうひとつの物語』ブックマン社 二〇一八年

第二章

＊1 フレッド・ホイル、ジョン・エリオット『アンドロメダのＡ』ハヤカワ・ＳＦ・シリーズ 一九六八年

＊2　藪下信『彗星と生命』工作舎　一九八〇年
＊3　ジョン・メイナード＝スミス＆エオルシュ・サトマーリ『進化する階層　生命の発生から言語の誕生まで』シュプリンガー・フェアラーク東京　一九九七年
＊4　梶原一騎（原作）／ながやす巧（作画）『愛と誠』全一六巻　講談社　一九七三〜七六年
＊5　『「ゴジラ」東宝特撮未発表資料アーカイヴ　プロデューサー・田中友幸とその時代』角川書店　二〇一〇年
＊6　諸星大二郎『栞と紙魚子』シリーズ全六巻　朝日ソノラマ　一九九六〜二〇〇八年
＊7　川崎ゆきお『二十面相の風景』所収「愛のゴジーラ」けいせい出版　一九八四年
＊8　エドガー・ライス・バロウズ『地底世界ペルシダー』シリーズ全七巻ハヤカワSF文庫　一九七一〜七二年
＊9　奥泉光『新・地球旅行』朝日新聞社　二〇〇四年
＊10　蘭郁二郎『地底大陸』桃源社　一九六九年
＊11　久生十蘭『地底獣国（現代教養文庫　久生十蘭傑作選 Ⅲ）』所収「地底獣国」社会思想社　一九七六年
＊12　芦辺拓『地底獣国の殺人』講談社　一九九七年
＊13　アーサー・コナン・ドイル『失われた世界（世界名作全集一一一）』講談社　一九五五年
＊14　小隅黎『超人間プラスX』金の星社　一九六九年
＊15　Buffetaut, E., Li, J., Tong, H., & Zhang, H. (2006 A two-headed reptile from the

Cretaceous of China. Biology letters, 3(1), 81-82.
*16 Nakamura, T., Gehrke, A. R., Lemberg, J., Szymaszek, J., & Shubin, N. H. (2016). Digits and fin rays share common developmental histories. Nature 537, 225-228 (2016)
*17 倉谷滋『ゴジラ幻論 日本産怪獣類の一般と個別の博物誌』工作舎 二〇一七年
*18 倉谷滋『個体発生は進化をくりかえすのか（岩波科学ライブラリー108）』岩波書店 二〇〇五年
*19 入江直樹『胎児期に刻まれた進化の痕跡（遺伝子から探る生物進化 2）』慶應義塾大学出版会 二〇一六年
*20 ジェームズ・E・ラブロック『ガイアの科学 地球生命圏』工作舎 一九八四年

第三章

*1 倉谷滋『個体発生は進化をくりかえすのか（岩波科学ライブラリー108）』岩波書店 二〇〇五年
*2 倉谷滋『ゴジラ幻論 日本産怪獣類の一般と個別の博物誌』工作舎 二〇一七年
*3 H・G・(ハーバート・ジョージ・)ウェルズ『世界SF全集 第2巻（ウエルズ）』所収「タイムマシン」早川書房 一九七〇年
*4 ジュール・ヴェルヌ『海底二万海里』角川文庫 一九六三年
*5 ブライアン・K・ホール『進化発生学 ボディプランと動物の起源』工作舎 二〇〇一年

＊6　ヴァイバー・クリガン＝リード『サピエンス異変　新たな時代「人新世」の衝撃』飛鳥新社　二〇一八年

第四章

＊1　『隔週刊　ゴジラ全映画DVDコレクターズBOX　VOL.54　2018年08/07号　マタンゴ』講談社
＊2　リチャード・ドーキンス『延長された表現型　自然淘汰の単位としての遺伝子』紀伊國屋　一九八七年
＊3　アーサー・ケストラー『機械の中の幽霊　現代の狂気と人類の危機』ぺりかん社　一九六九年
＊4　ダニエル・C・デネット『ダーウィンの危険な思想　生命の意味と進化』青土社　二〇〇〇年
＊5　ダグラス・ホフスタッター『わたしは不思議の環』白揚社　二〇一八年
＊6　西垣通『AI原論　神の支配と人間の自由』講談社選書メチエ　二〇一八年
＊7　士郎正宗『攻殻機動隊』全三巻　講談社　一九九一〜二〇〇八年
＊8　岩明均『寄生獣』全一〇巻　講談社　一九九〇〜九五年
＊9　ハル・クレメント『20億の針』創元推理文庫　一九六五年
＊10　星野之宣『2001夜物語』第一九夜「緑の星のオデッセイ」双葉社アクションコミックス　Vol.3収録　一九八六年

＊11 『隔週刊 ゴジラ全映画DVDコレクターズBOX VOL.53 2018年07／24号 ドゴラ』講談社
＊12 コナン・ドイル『ドイル傑作集 Ⅲ 恐怖編』「大空の恐怖」新潮文庫 一九六〇年
＊13 『小学館の学習図鑑シリーズ⑩ 地球の図鑑』小学館 一九五八年
＊14 Haeckel, E. (1879) Das System der Medusen. Erster Teil einer Monographie der Medusen mit einem Atlas von vierzig Arten. Verlag von Gustav Fischer Jena. - Reprint VEB Gustav Fischer Verlag Jena, 1986, mit einem Nachwort von Georg Uschmann.
＊15 Haeckel,E. (1899–1904) Kunstformen der Natur. Bibliographisches Institut, Leipzig; 2., verkürzte Auflage 1924
＊16 土屋健『生物ミステリー PRO』全一〇巻技術評論社 二〇一三〜一六年
＊17 ミハル・アイヴァス『もうひとつの街』河出書房新社 二〇一三年
＊18 豊田有恒著『火の国のヤマトタケル』ハヤカワ文庫SF 一九七一年

第五章

＊1 倉谷滋『形態学 形づくりにみる動物進化のシナリオ（サイエンスパレット024）』丸善出版 二〇一五年
＊2 倉谷滋『新版 動物進化形態学』東京大学出版会 二〇一七年
＊3 アードルフ・ポルトマン『脊椎動物比較形態学』岩波書店 一九七九年

＊4　『総天然色ウルトラQ　DVD−BOX　Ⅱ』作品解説書（編集：角川書店「Newtype THE LIVE」編集部）発売元：円谷プロダクション　販売元：バンダイビジュアル　二〇一一年

初出
第一章　1．取り残されたゴジラ　——進化形態学者のぼやき怪獣映画論——：『UP』2017年5月号 no. 535　東京大学出版会　12〜17頁より改変
第一章　2．恐竜とモンスターの分岐：『現代思想2017年8月臨時増刊号　総特集＝恐竜』青土社　75〜85頁より改変

写真・画像　阿形清和、アフロ、王立協会、KADOKAWA、倉谷滋、ゲッティイメージズ、講談社、東宝、日本テレビ、博報堂DYメディアパートナーズ、平凡社

図版作成　タナカデザイン

倉谷 滋（くらたに しげる）

形態進化生物学者。国立研究開発法人 理化学研究所 開拓研究本部主任研究員。一九五八年、大阪府生まれ。京都大学大学院理学研究科修了、理学博士。琉球大学医学部助手、ベイラー医科大学助教授などを経て、一九九四年、熊本大学医学部助教授。二〇〇二年より理化学研究所チームリーダー、二〇〇五年、同グループディレクター。著書に『進化する形』（講談社現代新書）などがある。

インターナショナル新書〇四三

怪獣生物学入門（かいじゅうせいぶつがくにゅうもん）

二〇一九年一〇月一二日　第一刷発行
二〇二二年 一 月二六日　第三刷発行

著者　倉谷 滋（くらたに しげる）
発行者　岩瀬 朗
発行所　株式会社 集英社インターナショナル
〒一〇一-〇〇六四 東京都千代田区神田猿楽町一-五-一八
電話 〇三-五二一一-二六三〇
発売所　株式会社 集英社
〒一〇一-八〇五〇 東京都千代田区一ツ橋二-五-一〇
電話 〇三-三二三〇-六〇八〇（読者係）
〇三-三二三〇-六三九三（販売部）書店専用
装幀　アルビレオ
印刷所　大日本印刷株式会社
製本所　加藤製本株式会社

ISBN978-4-7976-8043-0　C0245

インターナショナル新書

002
進化論の最前線
池田清彦

ファーブルのダーウィン進化論批判から、iPS細胞・ゲノム編集など最先端研究までをわかりやすく解説。謎多き進化論と生物学の今を論じる。

004
生命科学の静かなる革命
福岡伸一

二五人のノーベル賞受賞者を輩出したロックフェラー大学。客員教授である著者が受賞者らと対談、生命科学の本質に迫る。『生物と無生物のあいだ』の続編。

035
光の量子コンピューター
古澤 明

常識を超える計算能力をもちながらエネルギー消費が極めて低い量子コンピューター。光を使う方式で開発の先陣に立つ著者が、革新的技術を解説する。

044
危険な「美学」
津上英輔

戦意高揚の詩、美しい飛行機作り、結核患者の美、特攻隊の「散華」。人を眩惑し、負の面も正に反転させる美の危険を指摘する。

045
新説 坂本龍馬
町田明広

龍馬は薩摩藩士だった!? 亀山社中はなかった?「大条理」プランとは何か? 新説が満載! あなたの知っている坂本龍馬、フィクションではありませんか?